化学・生命科学のための

線 形 代 数

小 島 正 樹 著

東京化学同人

まえがき

本書は，数学や物理学を専門としない理系学生向けの線形代数の教科書で，必ずしも化学や生命科学に特化しているわけではない．筆者の経験では，生命科学を学ぶために特別な数学が必要とされるのではなく，通常の数学を学習していれば，生命科学の理解には十分に対処できる．むしろ，生命科学系の学部・学科の数学の授業内容は，学問上の要請からよりも，学生の数学に関する学力の方から制約を受ける場合が多い．

学生から“数学を学んでも，生命科学の役に立つのでしょうか”という質問を受けることがあるが，多くの場合はあらかじめ“数学ができなくても大丈夫”という回答を期待してのことがほとんどで，数学のできる学生，得意な学生からこの種の質問が出てくることは皆無である．教える側からすれば，数学が専門の役に立つことをアピールするよりも，数学そのものを理解させることに腐心した方が，はるかに実りある結果をもたらすものと考えられる．本書は以上の配慮から生まれたもので，“化学・生命科学のための”と銘うってはいるが，必ずしも化学や生命科学への応用を指向しているわけではなく，化学も含めた生命科学系の学生が正統的な数学を理解し，本来の力をつけてもらうことを目的としている．

“数学や物理学を専門としない理系学生”に授業をしていると，

1. 従来の数学書の一般的，専門的な記述に馴染めない．同じ内容を記述するにも，高校教科書のようなスタイルであれば理解できる．
2. 定理や定義の意味を，高校のときのように具体例をあげなければ，咀嚼することが難しい．

という特徴があることがわかった．このため，本書では，

1′. 記述のスタイルを高校教科書と同じにし，対象を大学 1 年生というよりも，“高校 4 年生”という意識で書いた．

2′. 理論を一般変数 n を含めた形で説明するのは避け，$n=2$ や 3 の場合について具体的に証明したうえで，“n が大きくなっても同様”としてイ

メージを植え付けることにした．たとえば，行列式では $n=3$ を，線形変換では $n=2$ の場合を“典型例”として説明に用いたが，前者は $n=2$ では特殊すぎると判断したためである．

しばしばこの種の本が，“化学や生命科学系の学生が理解できる範囲”や“化学・生命科学の専門に必要となる計算技術”に限定したという意味にとられがちであるが，上記の配慮を除けば，本書はあくまでオーソドックスな線形代数の教科書である．むしろ，将来頻繁に数学を使用しない学生も多くいることを考慮すると，計算道具としての技術のトレーニングよりも，理論の背景にある数学的理念や考え方に重点を置いて解説した．以下本書の構成について述べたい．

第１章は行列論で，§1・1・1と§1・1・2は，現行の高校数学Ｃの履修内容に相当する．筆者が勤務している大学では，毎年の学生の３割程度が数学Ｃの未修者であるが，授業で重要事項を説明したうえで，練習問題の演習をレポートとして課すことにより独習を促している．また2012年度入学の高校生より学習指導要領が改訂され，高校数学において行列を学習する機会がなくなることも考慮し，現行の高校数学の取扱い程度に詳しく記述した．各自の履修の程度に応じて，深くも浅くも学べる構成となっている．また本書は上述のように，できるだけ具体例から一般化する記述をとったが，一方で，従来のような一般的，抽象的な数学の表現形式に慣れることも重要であると考え，§1・1・3では従来の数学書のスタイルで定理を証明する方法を解説した．§1・2の基本変形では，現今の学生の気質を反映して，まず§1・2・1で基本変形に関する種々の計算技術の習得を先に取上げ，その後§1・2・2で基本行列による背景理論の解説を行った．また，基本変形による計算では，初心者が迷わないように，最も汎用性の高い掃き出し法の厳密な適用を徹底させることにした．

第２章の行列式論では，学習の動機付けを連立１次方程式の解の公式に求め，置換について説明した後，これを用いて行列式を厳密に定義した．§2・2では行列式の諸性質と，その応用としての余因子展開について解説した．行列式の計算を“必ず解ける”余因子展開の方法で一貫したのも，初心者に対する教育的配慮と同時に，コンピューターによるアルゴリズムの理解を目指してのことである．

第3章は線形空間論である．ともすれば他書のこの分野が，固有値と固有ベクトルの習得に終始するのに対し，本書では線形結合，線形独立，基底，次元という概念の理解の徹底を期した．“ベクトルの成分の値は，用いた基底に依存する”という至極当たり前のことが正しく理解できるように配慮し，その応用として固有値，固有ベクトルの理論を取上げた．また線形写像および線形変換を，“ベクトルどうしの比例関係”という側面から強調し，第1章，第2章で学んだ行列，階数，行列式などの概念を，線形変換との関連により意味付けした．

第4章では，内積（成分が複素数の場合も含む）とノルムを定義し，基底のなかでも最も重要な正規直交基底について解説した．対称行列が直交行列を用いて対角化されることの応用として，2次曲線の主軸変換を取上げた．

各章末に挿入したコラムは，その章の内容に関連した周辺事項である．ここでは，生命科学分野への応用や，歴史上興味ある事項のほか，公理主義的方法のようにさらに高度な数学を学んで行くうえで参考となる考え方についても取上げた．

本書は，筆者が勤務する東京薬科大学生命科学部の1年生を対象とした70分授業14回分の講義録がもとになっているが，自習書としての用途にも耐えられるように，順次問題を解きながら本文を読み進めることにより，段階的に理解していくことができるように配慮した．巻末に詳細な解答を付したのは，学生にとってどこがわからないかあれこれ悩むよりも，最初は人真似でもよいから正しい解法の習得に時間をかけた方が学習が効率的に進むと判断したためである．各ページの脚注は，発展事項や数式の解釈など“当座はどうでもいいもの”，すなわち理解できなくても以降の本文を読むのに支障のないものや，本文を理解する際に思考の流れを中断するものである．一応目を通してほしいが，拘泥するには及ばない．

本書の出版にあたり，東京化学同人の住田六連編集部長をはじめ，同編集部の丸山潤，江口悠里の両氏には，企画から原稿の作成にいたるまでひとかたならぬ御世話になった．また東京薬科大学生命科学部の山野上琴乃，東海林暁貴，木村葉那の諸君は，原稿の段階で目を通して，誤りを指摘するとともに学生の立場から意見を述べてくれた．さらに本書のアイデアは，これまでの講義を通じた多くの学生との交流がもとになっている．深く感謝の意を捧げたい．

2012年10月

小　島　正　樹

目　　　次

コ ラ ム

東京化学同人
新刊とおすすめの書籍
Vol. 16

邦訳10年ぶりの改訂！　大学化学への道案内に最適

アトキンス 一般化学（上・下）

第8版

P. Atkins ほか著／渡辺　正　訳

B5 判　カラー　定価各 3740 円

上巻：320 ページ　下巻：350 ページ

"本物の化学力を養う"ための入門教科書

アトキンス氏が完成度を限界まで高めた決定版！大学化学への道案内に最適．高校化学の復習からはじまり，絶妙な全体構成で身近なものや現象にフォーカスしている．明快な図と写真，豊富な例題と復習問題付．

有機化学の基礎とともに生物学的経路への理解が深まる

マクマリー 有機化学
―生体反応へのアプローチ―

第３版

John McMurry 著

柴﨑正勝・岩澤伸治・大和田智彦・増野匡彦　監訳

B5 変型判　カラー　960 ページ　定価 9790 円

生命科学系の諸学科を学ぶ学生に役立つことを目標に書かれた有機化学の教科書最新改訂版．有機化学の基礎概念，基礎知識をきわめて簡明かつ完璧に記述するとともに，研究者が日常研究室内で行っている反応とわれわれの生体内の反応がいかに類似しているかを，多数の実例をあげて明確に説明している．

●一般化学

教養の化学：暮らしのサイエンス　定価 2640 円

教養の化学：生命・環境・エネルギー　定価 2970 円

ブラックマン基礎化学　定価 3080 円

理工系のための 一般化学　定価 2750 円

スミス基礎化学　定価 2420 円

●物理化学

きちんと単位を書きましょう：国際単位系(SI)に基づいて　定価 1980 円

物理化学入門：基本の考え方を学ぶ　定価 2530 円

アトキンス物理化学要論（第 7 版）　定価 6490 円

アトキンス物理化学　上・下（第 10 版）　上巻定価 6270 円　下巻定価 6380 円

●無機化学

シュライバー・アトキンス無機化学（第 6 版）上・下　定価各 7150 円

基礎講義 無機化学　定価 2860 円

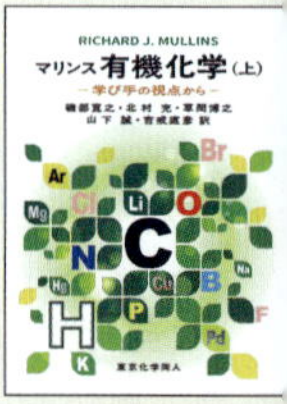

●有機化学

マクマリー有機化学概説（第 7 版）　定価 5720 円

マリンス有機化学　上・下　定価各 7260 円

クライン有機化学　上・下　定価各 6710 円

ラウドン有機化学　上・下　定価各 7040 円

ブラウン有機化学　上・下　定価各 6930 円

有機合成のための新触媒反応 101　定価 4620 円

構造有機化学：基礎から物性へのアプローチまで　定価 5280 円

スミス基礎有機化学　定価 2640 円

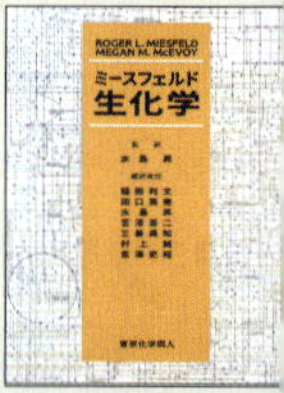

●生化学・細胞生物学

スミス基礎生化学　定価 2640 円

相分離生物学　定価 3520 円

ヴォート基礎生化学（第 5 版）　定価 8360 円

ミースフェルド生化学　定価 8690 円

分子細胞生物学（第 9 版）　定価 9570 円

お問い合わせ info@tkd-pbl.com　定価は 10％税込

1. 行　　列

行列の萌芽的概念は，古来より連立方程式を解く過程で用いられてきたが，数学的対象として明確に認識されたのは，19 世紀にはいってからである．その本質的な意味は第 3 章で学ぶが，行列の大きな特徴は，これまで学んできた数と違って“$AB=BA$”や“$AB=O$ のとき $A=O$ または $B=O$”が成り立たないことである．また，原子・分子の世界を記述する物理学において，行列は重要な役割を果たしている．本章では，行列のもつさまざまな性質について学ぼう．

1·1 行　　列

1·1·1 行列とその演算

◆ 行 列 と は

$$\begin{pmatrix} 3 & -4 \\ 2 & -1 \end{pmatrix}, \qquad \begin{pmatrix} 5 & 3 & 6 \\ 2 & 4 & 7 \end{pmatrix}$$

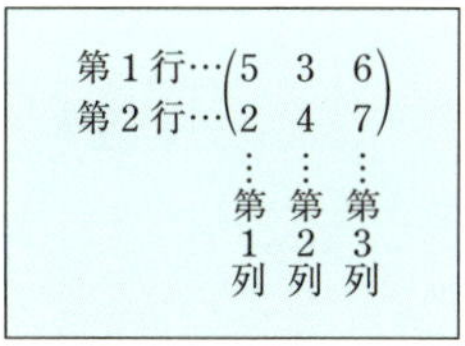

のように，数を長方形の形に並べたものを**行列**（matrix）という．ここでいう“数”とは，その中で加減乗除の四則演算が自由に行えるものをさし，**スカラー**（scalar）とよばれる*．スカラーとして通常は実数や複素数を考える．

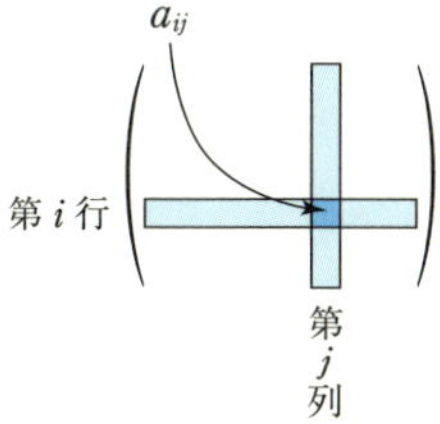

行列を構成するおのおのの数を**成分**（element）という．行列において，成分の横の並びを**行**（row）といい，上から順に第 1 行，第 2 行，…という．また，成分の縦の並びを**列**（column）といい，左から順に第 1 列，第 2 列，…という．そして，第 i 行と第 j 列の交点にある成

* スカラーの集合のことを**体**（たい）という．

分を$(\boldsymbol{i},\boldsymbol{j})$**成分**といい，$i=j$のときの成分を**対角成分**という．

m個の行と，n個の列からなる行列を，$\boldsymbol{m}\times\boldsymbol{n}$ **型行列**という．特に，$n\times n$型行列を$\boldsymbol{n}$ **次正方行列**という．

行列はふつうA,Bなどの大文字で表し，その成分を小文字で表す．また行列Aの(i,j)成分をa_{ij}で表す．

【問 1・1】　$A=\begin{pmatrix}3 & -4\\2 & -1\end{pmatrix}$の型を求めなさい．また$a_{11}$，$a_{12}$，$a_{21}$および対角成分を求めなさい．

【問 1・2】　$a_{ij}=i+j$である2×3型行列Aを求めなさい．

$n\times1$型行列を$\boldsymbol{n}$ **次列ベクトル**，$1\times n$型行列を$\boldsymbol{n}$ **次行ベクトル**という．たとえば，$\begin{pmatrix}3\\2\end{pmatrix}$は2次列ベクトル，$(5\quad3\quad6)$は3次行ベクトルである．列ベクトルは$\boldsymbol{a},\boldsymbol{b}$などの太字の小文字で表し，行ベクトルは${}^t\boldsymbol{a},{}^t\boldsymbol{b}$のように表す*．単にベクトルといえば，通常は列ベクトルのことをさす（ベクトルの成分については改めて§3・1・1で学ぶ）．

◆ 行列の相等

行列A,Bが同じ型で，かつ，その対応する成分がおのおの等しいとき，AとBは**等しい**といい，$A=B$と書く．たとえば，

$$\begin{pmatrix}a & b\\c & d\end{pmatrix}=\begin{pmatrix}p & q\\r & s\end{pmatrix}\ \text{のとき，}\ a=p,\ b=q,\ c=r,\ d=s$$

である．

◆ 行列の加法

同じ型の行列A,Bの対応する成分の和を成分とする行列を，AとBの**和**といい，$A+B$で表す．すなわち

$$A=(a_{ij}),\ B=(b_{ij})\ \text{のとき，}\ A+B=(a_{ij}+b_{ij})$$

＊　§1・1・3で示すように左上の添字tは**転置**（行と列の入れかえ）を表す．

である（行列 A を成分表示する際に，その (i,j) 成分にかっこを付けて表すことがある．したがって $(a_{ij}+b_{ij})$ とは $a_{ij}+b_{ij}$ を (i,j) 成分にもつ行列のことである）．たとえば，

$$\begin{pmatrix} a & b \\ c & d \end{pmatrix} + \begin{pmatrix} p & q \\ r & s \end{pmatrix} = \begin{pmatrix} a+p & b+q \\ c+r & d+s \end{pmatrix}$$

である．

【問 1・3】 $\begin{pmatrix} 2 & -1 & 4 \\ 1 & 0 & 3 \end{pmatrix} + \begin{pmatrix} -2 & 2 & 0 \\ 1 & 4 & -5 \end{pmatrix}$ を計算しなさい．

成分がすべて 0 である行列を**零行列**といい，記号 O で表す．特に $m \times n$ 型であることを明示するときは，O_{mn} と書く．たとえば，

$$O_{12} = (0,0), \quad O_{22} = \begin{pmatrix} 0 & 0 \\ 0 & 0 \end{pmatrix}, \quad O_{23} = \begin{pmatrix} 0 & 0 & 0 \\ 0 & 0 & 0 \end{pmatrix}$$

である．

一般に行列の加法に関して，

行列の加法の性質

① $A + B = B + A$　　交換法則

② $(A + B) + C = A + (B + C)$　　結合法則

③ $A + O = A$

が成り立つ*．証明は，対応する成分どうしの和を考えれば自明である．

結合法則が成り立つので，三つの行列の和を単に $A+B+C$ と書く．

【問 1・4】 $\begin{pmatrix} 1 & -2 \\ 3 & 4 \end{pmatrix} + \begin{pmatrix} 8 & 7 \\ -5 & 6 \end{pmatrix} + \begin{pmatrix} -3 & -1 \\ 4 & -5 \end{pmatrix}$ を計算しなさい．

◆ 行列のスカラー倍

行列 A とスカラー k に対し，A の各成分の k 倍を成分とする行列を，A の k 倍といい，kA で表す．すなわち

$$A = (a_{ij}) \text{ のとき，} kA = (ka_{ij})$$

たとえば，

---

*　O は数の 0 に相当する行列である．

$$k\begin{pmatrix} a & b \\ c & d \end{pmatrix} = \begin{pmatrix} ka & kb \\ kc & kd \end{pmatrix}$$

である.

【問 1・5】 $A=\begin{pmatrix} a & b \\ c & d \end{pmatrix}$のとき, $1A$, $(-1)A$, $0A$ を求めなさい. また零行列 O に対して, kO を求めなさい.

$(-1)A$ を $-A$ で表す. また $A+(-B)$ を $A-B$ で表す. このとき $A-A=O$ だから, $-A$ は $A+X=O$ を満たす X のことである.

一般に行列のスカラー倍に関して, つぎのことが成り立つ.

行列のスカラー倍の性質

① $(kl)A = k(lA)$

② $(k+l)A = kA+lA$

③ $k(A+B) = kA+kB$

【問 1・6】 2×2 型行列に関して性質 ①, ②, ③ が成り立つことを証明しなさい.

性質 ① が成り立つので, $(kl)A$ と $k(lA)$ を区別せずに klA と書く.

行列を含む式の計算は, これまで述べた性質に基づいて行えばよい.

【問 1・7】 $A=\begin{pmatrix} 3 & 1 \\ 8 & 3 \end{pmatrix}$, $B=\begin{pmatrix} 3 & -7 \\ 1 & 6 \end{pmatrix}$のとき, $2(A-B)-A$ を求めなさい.

【問 1・8】 問 1・7 の行列 A, B について, 等式 $X+A=2(B-X)$ を満たす行列 X を求めなさい.

◆ 行列の乗法

$A=\begin{pmatrix} a & b \\ c & d \end{pmatrix}$, $B=\begin{pmatrix} p & q \\ r & s \end{pmatrix}$の積 AB を, A の行ベクトルと B の列ベクトルの対応する成分の積の和をつくり, つぎのように定める.

$$AB = \begin{pmatrix} a & b \\ c & d \end{pmatrix}\begin{pmatrix} p & q \\ r & s \end{pmatrix} = \begin{pmatrix} ap+br & aq+bs \\ cp+dr & cq+ds \end{pmatrix}$$

たとえば, AB の $(1,2)$ 成分は, A の第 1 行ベクトル $(a \quad b)$ と B の第 2 列ベクトル

$\begin{pmatrix} q \\ s \end{pmatrix}$の対応する成分の積の和 $aq+bs$ である．

【問 1・9】 つぎの計算をしなさい．

(1) $\begin{pmatrix} 1 & 2 \\ 3 & 4 \end{pmatrix}\begin{pmatrix} 3 & 4 \\ 5 & 6 \end{pmatrix}$　　(2) $\begin{pmatrix} 2 & 1 \\ 3 & -6 \end{pmatrix}\begin{pmatrix} 5 & 0 \\ 4 & 1 \end{pmatrix}$

A が $l\times m$ 型行列，B を $m\times n$ 型行列のとき，A の行ベクトルと B の列ベクトルはともに m 次だから，対応する成分の積の和をつくることができる．そこで，A の第 i 行ベクトルと B の第 j 列ベクトルの対応する成分の積の和を (i,j) 成分とする行列を，A と B の**積**といい，AB で表す．すなわち

$$AB=C \text{ のとき，} \quad c_{ij} = a_{i1}b_{1j} + a_{i2}b_{2j} + \cdots + a_{im}b_{mj} = \sum_{k=1}^{m} a_{ik}b_{kj}$$

または

$$A=(a_{ij}),\ B=(b_{ij}) \text{ のとき，} AB = \left(\sum_{k=1}^{m} a_{ik}b_{kj}\right)$$

ここで，AB は $l\times n$ 型行列である．

なお，A の列の個数と B の行の個数が異なるときは，積は考えない．

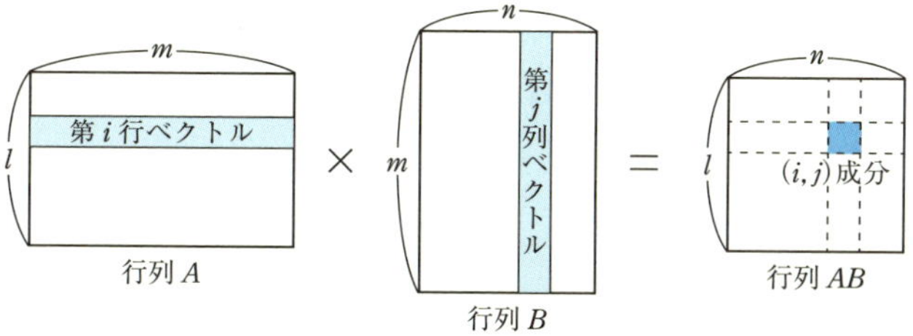

【問 1・10】 $\begin{pmatrix} a & b \\ c & d \end{pmatrix}\begin{pmatrix} x \\ y \end{pmatrix}$ を計算しなさい．

一般に，積 AB が計算できても積 BA が計算できるとは限らないし，積 AB と積 BA がともに計算できても両者が同じ型であるとは限らない．

【問 1・11】 つぎの計算をしなさい（1×1 型行列は，スカラーを表すものとする）．

(1) $(1 \quad -2)\begin{pmatrix} 2 \\ 3 \end{pmatrix}$　　(2) $\begin{pmatrix} 2 \\ 3 \end{pmatrix}(1 \quad -2)$

一般に行列の乗法に関して，つぎのことが成り立つ．

行列の乗法の性質

① $A(kB) = (kA)B = k(AB)$

② $(AB)C = A(BC)$　　結合法則

③ $A(B+C) = AB + AC$

④ $(A+B)C = AC + BC$　　分配法則

【問 1・12】 2×2 型行列に関して，結合法則と分配法則が成り立つことを示しなさい．

① が成り立つので，$(kA)B$ と $k(AB)$ を区別せずに kAB と書く．また結合法則 ② が成り立つので，三つの行列の積を単に ABC と書く．

正方行列 A について，A の n 個の積を A の **n 乗**といい，A^n で表す．たとえば，$A^2=AA$，$A^3=AA^2$ である．

【問 1・13】 つぎの行列 A について，A^2，A^3，A^4 を計算しなさい．

(1) $A = \begin{pmatrix} 1 & a \\ 0 & 1 \end{pmatrix}$　　(2) $A = \begin{pmatrix} a & 0 \\ 0 & b \end{pmatrix}$

行列の乗法では，交換法則は成り立たない．すなわち

$AB = BA$ は一般には成り立たない．

【問 1・14】 $A = \begin{pmatrix} 1 & 0 \\ 1 & 2 \end{pmatrix}$，$B = \begin{pmatrix} 1 & 2 \\ 3 & 0 \end{pmatrix}$ について，つぎのことを確かめなさい．

(1) $AB \neq BA$　　(2) $(A+B)(A-B) \neq A^2-B^2$

同じ型の正方行列 A, B に対して $AB=BA$ が成り立つとき，A と B は**交換可能**または**可換**であるという．

【問 1・15】 行列 A, B が交換可能であるとき，つぎの等式が成り立つことを示しなさい．

(1) $(A+B)(A-B) = A^2-B^2$　　(2) $(A+B)^2 = A^2+2AB+B^2$

【問 1・16】 正方行列 A, B と，$k \neq 0$ であるスカラー（実数とする）k に対して，$A+kB$ と $A-kB$ が交換可能であるとき，A と B も交換可能であることを示しなさい．

一般に，$AB=O$ を満たす O でない行列 A, B を**零因子**という．たとえば，

$$A=\begin{pmatrix}1&2\\3&6\end{pmatrix},\ B=\begin{pmatrix}2&-4\\-1&2\end{pmatrix}\ \text{のとき}\ AB=\begin{pmatrix}0&0\\0&0\end{pmatrix}$$

である．零因子があることから，行列の乗法では，

$$AB=O \implies A=O \ \text{または}\ B=O$$

は，一般には成り立たない．

1・1・2 正方行列

◆ 単位行列

n 次正方行列において，対角成分がすべて 1 で，他の成分がすべて 0 である行列を**単位行列**といい，E で表す．特に次数を明記するときは，E_n と書く．たとえば，

$$E_2=\begin{pmatrix}1&0\\0&1\end{pmatrix},\qquad E_3=\begin{pmatrix}1&0&0\\0&1&0\\0&0&1\end{pmatrix}$$

である．

A が任意の正方行列のとき，同じ型の単位行列 E，零行列 O に対して

単位行列・零行列との積

① $AE=EA=A$

② $AO=OA=O$

が成り立つ[*1]．

【問 1・17】 2 次の正方行列について，上の ①, ② が成り立つことを確かめなさい．

◆ 逆行列

A を正方行列，E を同じ型の単位行列とするとき，

$$AX=XA=E$$

を満たす正方行列 X が存在するならば，X を A の**逆行列**（inverse matrix）といい，A^{-1} で表す[*2]．すなわち

＊1　E は数の 1 に相当する行列である．

＊2　一般には，$AX=E$ と $XA=E$ の一方が成り立てば他方も成り立つ．

$$AA^{-1} = A^{-1}A = E$$

である[*1].

正方行列 A が逆行列をもてば，逆行列の定義から，A^{-1} の逆行列は A である．すなわち

$$(A^{-1})^{-1} = A$$

【問 1・18】 X, Y が A の逆行列のとき，$X = Y$ となることを示しなさい（この命題より“逆行列は存在するならばただ一つに限る”ことがわかる）.

【問 1・19】 同じ型の正方行列 A, B がともに逆行列をもつとき，

$$(AB)^{-1} = B^{-1}A^{-1}$$

が成り立つことを証明しなさい（A, B の順序に注意）.

◆ 2 次正方行列の逆行列

2 次の正方行列 $A = \begin{pmatrix} a & b \\ c & d \end{pmatrix}$ に対して，行列 $\dfrac{1}{ad-bc}\begin{pmatrix} d & -b \\ -c & a \end{pmatrix}$ は[*2],

$$\begin{pmatrix} a & b \\ c & d \end{pmatrix}\frac{1}{ad-bc}\begin{pmatrix} d & -b \\ -c & a \end{pmatrix} = \frac{1}{ad-bc}\begin{pmatrix} ad-bc & 0 \\ 0 & ad-bc \end{pmatrix} = E$$

$$\frac{1}{ad-bc}\begin{pmatrix} d & -b \\ -c & a \end{pmatrix}\begin{pmatrix} a & b \\ c & d \end{pmatrix} = \frac{1}{ad-bc}\begin{pmatrix} ad-bc & 0 \\ 0 & ad-bc \end{pmatrix} = E$$

を満たすから，A の逆行列である．すなわち

2 次正方行列の逆行列

$A = \begin{pmatrix} a & b \\ c & d \end{pmatrix}$ に対して，$|A| = ad - bc$ とおく[*3].

① $|A| \neq 0$ 　ならば　$A^{-1} = \dfrac{1}{|A|}\begin{pmatrix} d & -b \\ -c & a \end{pmatrix}$

② $|A| = 0$ 　ならば　A^{-1} は存在しない.

---

*1 A^{-1} は数の“逆数”に相当する行列である.
*2 この行列の導出法は §2・2・2 で学ぶ.
*3 §2・1・2 で示すように $|A|$ は A の**行列式**である.

【問 1・20】 つぎの行列の逆行列があれば求めなさい．

(1) $\begin{pmatrix} 2 & -5 \\ -1 & 3 \end{pmatrix}$　　(2) $\begin{pmatrix} -1 & 2 \\ 3 & -4 \end{pmatrix}$　　(3) $\begin{pmatrix} 1 & 2 \\ 2 & 4 \end{pmatrix}$

【問 1・21】 $A = \begin{pmatrix} 2 & -3 \\ 3 & -5 \end{pmatrix}$，$B = \begin{pmatrix} 4 & -2 \\ 3 & 1 \end{pmatrix}$ に対して，$AX=B$ を満たす行列 X を求めなさい．

正方行列 A が逆行列をもつとき，A は**正則**であるという．たとえば，$A=\begin{pmatrix} a & b \\ c & d \end{pmatrix}$ は $ad-bc \neq 0$ のとき正則である．

1・1・3　行列に関する一般的な証明法

大学の数学では，行列やベクトルなどの数学的対象を，文字を含む一般的な形式で扱ったり証明したりすることが多い．ここでは，行列に関する定理を一般的に証明する方法を身につけよう．

まず行列の積を，一般的な形式で表現する．

行列の積の一般的表現

$l \times m$ 型行列 A，$m \times n$ 型行列 B に対し，積 AB を C とする．

C は $l \times n$ 型行列で，$c_{ij} = \sum_{k=1}^{m} a_{ik} b_{kj}$

変数 i, j は，$i=1, 2, \cdots, l$，$j=1, 2, \cdots, n$ の任意の値をとる．

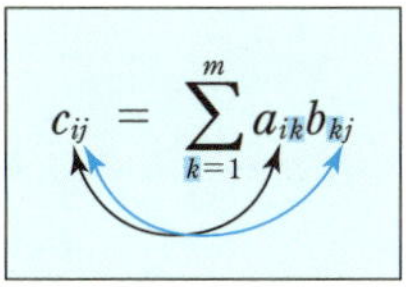

$c_{ij} = \sum_{k=1}^{m} a_{ik} b_{kj}$ において，左辺の i, j が右辺のどの場所に現れているか注意すること．また右辺の変数 k に用いる文字は，i, j, l, m, n 以外であれば k でなくてもよい．

【問 1・22】 $AB = C$ のとき，c_{ii}，c_{ik} を A, B の成分を用いて表しなさい．

◆ 転 置 行 列

行列 A の行と列を入れかえた行列を，A の**転置行列**（transposed matrix）といい，${}^tA$ で表す．たとえば，$A=\begin{pmatrix} a & b \\ c & d \end{pmatrix}$ のとき，${}^tA=\begin{pmatrix} a & c \\ b & d \end{pmatrix}$ である．

【問 1・23】 つぎの行列の転置行列を求めなさい．

(1) $\begin{pmatrix} 1 & -2 \end{pmatrix}$　(2) $\begin{pmatrix} 3 \\ -4 \\ 7 \end{pmatrix}$　(3) $\begin{pmatrix} 2 & -3 & 4 \\ 1 & 0 & -1 \end{pmatrix}$　(4) $\begin{pmatrix} 1 & 0 & -1 \\ 0 & 2 & 0 \\ -1 & 0 & 3 \end{pmatrix}$

行列 A が $m \times n$ 型のとき，明らかに ${}^tA$ は $n \times m$ 型である．

【問 1・24】 転置行列 ${}^tA$ の (i, j) 成分を，A の成分を用いて表しなさい．

例題 1　積の転置行列の性質

$l \times m$ 型行列 A と $m \times n$ 型行列 B に対し，

$$ {}^t(AB) = {}^tB\,{}^tA $$

が成り立つことを証明しなさい（A, B の順序に注意）．

解 答　左辺において AB は $l \times n$ 型だから ${}^t(AB)$ は $n \times l$ 型，右辺において ${}^tB$ は $n \times m$ 型，${}^tA$ は $m \times l$ 型より ${}^tB\,{}^tA$ は $n \times l$ 型となり，両辺の行列の型は一致する．したがって，左辺と右辺で対応する任意の成分が等しいことを示せばよい．

左辺の ${}^t(AB)$ の (i, j) 成分は，AB の (j, i) 成分だから，$\sum_{k=1}^{m} a_{jk} b_{ki}$ である．

また右辺の ${}^tB\,{}^tA$ の (i, j) 成分は，

$$ \sum_{k=1}^{m} ({}^tB \text{ の } (i, k) \text{ 成分})({}^tA \text{ の } (k, j) \text{ 成分}) $$

だから，${}^tB$ の (i, k) 成分 $= b_{ki}$，${}^tA$ の (k, j) 成分 $= a_{jk}$ より，$\sum_{k=1}^{m} b_{ki} a_{jk}$ である．

ゆえに，両辺の (i, j) 成分は等しい．ここで i, j は，$i = 1, 2, \cdots, n$，$j = 1, 2, \cdots, l$ の任意の値をとるから，すべての成分において成り立つことが示された．

【問 1・25】 問 1・12 で 2×2 型行列において成り立つことを示した分配法則

$$ A(B + C) = AB + AC $$

が，$l \times m$ 型行列 A と $m \times n$ 型行列 B, C に関しても成り立つことを示しなさい．

転置行列に関しては，

$$^t(A+B) = {}^tA + {}^tB \qquad ^t(kA) = k\,{}^tA$$

も成り立つ*.

◆ 跡

n 次正方行列 A において，対角成分の和 $\sum_{i=1}^{n} a_{ii}$ を A の**跡**（せき）(trace) といい，tr(A) で表す．たとえば，$A=\begin{pmatrix} a & b \\ c & d \end{pmatrix}$ のとき，$\mathrm{tr}(A)=a+d$ である．

例題 2　行列の積と跡の性質

A, B がともに n 次正方行列のとき，

$$\mathrm{tr}(AB) = \mathrm{tr}(BA)$$

が成り立つことを証明しなさい．

解 答　左辺において AB の (i, i) 成分は $\sum_{k=1}^{n} a_{ik}b_{ki}$ だから

$$\mathrm{tr}(AB) = \sum_{i=1}^{n}\left(\sum_{k=1}^{n} a_{ik}b_{ki}\right)$$

右辺においては，BA の (i, i) 成分は $\sum_{k=1}^{n} b_{ik}a_{ki}$ だから，

$$\mathrm{tr}(BA) = \sum_{i=1}^{n}\left(\sum_{k=1}^{n} b_{ik}a_{ki}\right)$$

であるが，変数 k に用いる文字を i' に，変数 i に用いる文字を k' に取りかえると

$$\mathrm{tr}(BA) = \sum_{k'=1}^{n}\left(\sum_{i'=1}^{n} b_{k'i'}a_{i'k'}\right)$$

＊　第 1 式は“足してから行と列を入れかえても，行と列を入れかえてから足しても同じ”を，第 2 式は“k 倍して行と列を入れかえても，行と列を入れかえてから k 倍しても同じ”を表している．

となる．さらに i' を i に，k' を k に置き換えると

$$\mathrm{tr}(BA) = \sum_{k=1}^{n}\left(\sum_{i=1}^{n} b_{ki}a_{ik}\right)$$

となる（混同しなければ，最初から直接 i と k を同時に入れかえてもよい）．

一方，

$$\sum_{k=1}^{n}\left(\sum_{i=1}^{n} b_{ki}a_{ik}\right) = \sum_{i=1}^{n}\left(\sum_{k=1}^{n} b_{ki}a_{ik}\right)$$

が成り立つ*1．

ゆえに，

$$\mathrm{tr}(AB) = \mathrm{tr}(BA)$$

が示された．

【問 1・26】 $m<n$ のとき，つぎの等式は成り立つか．また左辺が，$m\times n$ 型行列 A において，どのような成分の和を表しているのか考えなさい．

(1) $\displaystyle\sum_{i=1}^{m}\sum_{j=1}^{n} a_{ij} = \sum_{j=1}^{n}\sum_{i=1}^{m} a_{ij}$　　(2) $\displaystyle\sum_{i=2}^{m}\sum_{j=1}^{i-1} a_{ij} = \sum_{j=1}^{i-1}\sum_{i=2}^{m} a_{ij}$

(3) $\displaystyle\sum_{i=1}^{m}\sum_{j=i+1}^{n} a_{ij} = \sum_{j=i+1}^{n}\sum_{i=1}^{m} a_{ij}$

跡に関しては，

$$\mathrm{tr}(A+B) = \mathrm{tr}(A) + \mathrm{tr}(B) \qquad \mathrm{tr}(kA) = k\,\mathrm{tr}(A)$$

も成り立つ*2．

1・1・4 区 分 け

行列を縦線と横線とでいくつかの長方形の区画に分けることを**区分け**といい，このときの各区画を**ブロック**という．ブロックはもとの行列よりも小さい型の行列である．行列を成分で表す代わりに，ブロックで表してもよい．たとえば，

---

*1　Σ記号によって和をとる範囲が，i または k に依存するときは成り立たない．
*2　たとえば，第 2 式は“各対角成分を k 倍してから足しても，対角成分の和を k 倍しても同じ”を表している．

$A=\begin{pmatrix}1 & 2\\ 2 & 3\end{pmatrix}$，$B=\begin{pmatrix}-1\\ 2\end{pmatrix}$，$C=(0\quad 3)$，$D=(4)$ のとき $\begin{pmatrix}1 & 2 & -1\\ 2 & 3 & 2\\ 0 & 3 & 4\end{pmatrix}=\begin{pmatrix}A & B\\ C & D\end{pmatrix}$

と表せる．

【問 1・27】 つぎの行列を成分で表しなさい．

(1) $\begin{pmatrix}E_2 & O_{21}\\ O_{12} & O_{11}\end{pmatrix}$　　(2) $(E_3\quad O_{31})$

区分けされた二つの行列の積は，各ブロックを成分のようにみなして計算することができる．

区分けによる行列の乗法

区分けされた二つの行列 $A=\begin{pmatrix}A_{11} & A_{12}\\ A_{21} & A_{22}\end{pmatrix}$，$B=\begin{pmatrix}B_{11} & B_{12}\\ B_{21} & B_{22}\end{pmatrix}$ に対して，

$$AB=\begin{pmatrix}A_{11}B_{11}+A_{12}B_{21} & A_{11}B_{12}+A_{12}B_{22}\\ A_{21}B_{11}+A_{22}B_{21} & A_{21}B_{12}+A_{22}B_{22}\end{pmatrix}$$

が成り立つ．

ただし，A の各ブロックと B の各ブロックとの積が定義できるように，行列 A, B は区分けされているものとする．

もっと多くのブロックに区分けされた場合でも同様に成り立つ．

【問 1・28】 $A=\begin{pmatrix}1 & 0 & 0\\ 0 & 2 & 0\\ 0 & 0 & -3\end{pmatrix}$，$B=\begin{pmatrix}-2 & 0 & 0\\ 0 & 1 & 0\\ 0 & 0 & 1\end{pmatrix}$ のとき，積 AB を通常の方法と，区分けによる方法とで求めなさい．

一般の単位行列を

$$\begin{pmatrix}1 & & O\\ & \ddots & \\ O & & 1\end{pmatrix}$$

のように書くことがある．ここで $\ddots$ は他の対角成分も 1 であることを，O は対角線の左下および右上の領域にある成分がすべて 0 であることを表している．

1・2 基本変形

1・2・1 基本変形とその応用

◆ 基本変形とは

行列を構成する行や列を，ある規則に基づいて変形すると，簡単な行列にすることができる．こうした変形とその応用について考えよう．

行列に関する以下の変形を**基本変形**という．

基本変形の定義

① ある行と，別の行を入れかえる．
② ある行を k 倍する（$k \neq 0$）．
③ ある行に，別の行の定数倍を加える．
④ ある列と，別の列を入れかえる．
⑤ ある列を k 倍する（$k \neq 0$）．
⑥ ある列に，別の列の定数倍を加える．

①,②,③ は行の基本変形，④,⑤,⑥ は列の基本変形である．

例 1・1　$A = \begin{pmatrix} a & b & c \\ d & e & f \\ g & h & i \end{pmatrix}$ に対し，

(1) A の第 1 行と第 2 行を入れかえると　$\begin{pmatrix} d & e & f \\ a & b & c \\ g & h & i \end{pmatrix}$

(2) A の第 1 行を $\dfrac{1}{6}$ 倍すると　$\begin{pmatrix} \frac{a}{6} & \frac{b}{6} & \frac{c}{6} \\ d & e & f \\ g & h & i \end{pmatrix}$

(3) A の第 3 行に第 1 行の -2 倍を加えると　$\begin{pmatrix} a & b & c \\ d & e & f \\ g-2a & h-2b & i-2c \end{pmatrix}$

【問 1・29】　上の行列 A の，列に関する基本変形の例をあげなさい．

基本変形の応用としては，以下のものがあげられるが，それぞれに対して，用いることのできる基本変形が定まっている．

・階数の計算：基本変形 ①, ②, ③, ④, ⑤, ⑥
・逆行列の計算：基本変形 ①, ②, ③（行の変形のみ用いる）
・連立１次方程式の解法：基本変形 ①, ②, ③, ④（列に関しては，“入れかえ”のみが許される）

以降で順に見ていくことにしよう．

◆ 階　数

任意の $m \times n$ 型行列 A に対して，① から ⑥ までの適当な基本変形を施していくと，最終的につぎのような形の行列に変形することができる．

$$\begin{pmatrix} \overbrace{\begin{matrix} 1 & & \\ & \ddots & \\ & & 1 \end{matrix}}^{r\text{個}} & & O \\ & \begin{matrix} 0 & & \\ & \ddots & \\ & & 0 \end{matrix} & \\ O & & \end{pmatrix}$$

このときの対角成分は，左上から r 個が 1 であり，残りは 0 である（$r \leq m$，$r \leq n$）．また非対角成分はすべて 0 である．この形の行列を**標準形**といい，$F_{m,n}(r)$ で表す（型に関する添字 m, n は省略することができる）．また r を，行列 A の**階数**（rank）といい，$\mathrm{rank}\,A$ で表す．

【問 1・30】 $F_{n,n}(n) = E_n$ が成り立つことを確かめなさい．

【問 1・31】 つぎの標準形の行列の階数を求めなさい．

(1) $\begin{pmatrix} 1 & 0 & 0 \\ 0 & 1 & 0 \\ 0 & 0 & 0 \end{pmatrix}$　(2) E_3　(3) $\begin{pmatrix} 1 & 0 & 0 \\ 0 & 0 & 0 \\ 0 & 0 & 0 \end{pmatrix}$　(4) O_{33}

一般の行列の階数を求めるには，適当な基本変形を何回か施して，標準形に導けばよいが，つぎの**掃き出し法**の手順に従えば，確実に変形することができる．

掃き出し法の手順 1

① 第 1 列の対角成分を 1 にする．
② 第 1 列の非対角成分を 0 にする．
③ 第 2 列の対角成分を 1 にする．
④ 第 2 列の非対角成分を 0 にする．
⑤ 以降も左の列から順に，同様の操作を繰返す．

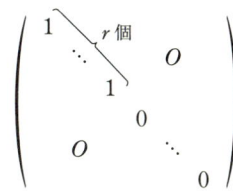

このとき，手順 ①, ③ で対角成分を 1 にするには，対角成分を含む行を対角成分の値で割り（基本変形の ②），手順 ②, ④ で非対角成分を 0 にするには，非対角成分を含む行から，対角成分（1 になっている）を含む行の定数倍を引く（基本変形の ③）ようにする．

例題 3　**行列の階数の計算**

行列 $A=\begin{pmatrix}1&2&3\\3&5&7\\2&2&3\end{pmatrix}$ の階数を求めなさい．

解　答　第 1 列の対角成分はすでに 1 なので，非対角成分を 0 にする（掃き出し法の手順 ②）ため，第 2 行に第 1 行の -3 倍を加え，第 3 行に第 1 行の -2 倍を加えると，$\begin{pmatrix}1&2&3\\0&-1&-2\\0&-2&-3\end{pmatrix}$ となる．

つぎに，第 2 列の対角成分を 1 にする（掃き出し法の手順 ③）ため，第 2 行を -1 倍すると，$\begin{pmatrix}1&2&3\\0&1&2\\0&-2&-3\end{pmatrix}$ となる．

さらに，第 2 列の非対角成分を 0 にする（掃き出し法の手順 ④）ため，第 1 行に第 2 行の -2 倍を加え，第 3 行に第 2 行の 2 倍を加えると，$\begin{pmatrix}1&0&-1\\0&1&2\\0&0&1\end{pmatrix}$ となる．

最後に，第 3 列の対角成分はすでに 1 なので，非対角成分を 0 にするため，第 1 行に第 3 行の 1 倍を加え，第 2 行に第 3 行の -2 倍を加えると，$\begin{pmatrix}1&0&0\\0&1&0\\0&0&1\end{pmatrix}$ となり，標準形 $F_{3,3}(3)$ が得られる．ゆえに，$\operatorname{rank} A=3$.

掃き出し法以外の手順で基本変形を行っても，最終的に得られる標準形は同じであるが，掃き出し法はどのような成分の行列に対しても有効であるため，コンピューターで行列計算を行う際のアルゴリズムとして用いられる（p. 30 参照）．

【問 1・32】 つぎの行列の階数を求めなさい.

(1) $\begin{pmatrix} -1 & -1 & -1 \\ 2 & 1 & -1 \\ -1 & 1 & 3 \end{pmatrix}$　　(2) $\begin{pmatrix} 6 & 4 & 8 \\ 1 & 2 & 0 \\ 2 & 1 & 5 \end{pmatrix}$

掃き出し法が定石通りに適用できない場合は，つぎの手順を追加すればよい.

掃き出し法の手順 2

⑥ 対角成分が0のとき，対角成分よりも下に0でない行があれば，その行と対角成分を含む行を入れかえる（基本変形の ①).

⑦ 対角成分およびその下の成分がすべて0（対角成分よりも下に行がない場合も含む）のとき，対角成分よりも右に0でない列があれば，その列と対角成分を含む列を入れかえる（基本変形の ④).

⑧ 対角成分およびその下と右の成分がすべて0（対角成分よりも右に列がない場合も含む）のとき，列の基本変形（基本変形の ⑥）により非対角成分を0にする.

掃き出し法では行列の左上から標準形をつくっていくので，現在注目している成分よりも上の行または左の列と入れかえると，すでに完成した標準形の形がくずれてしまう.

【問 1・33】 つぎの行列の階数を求めなさい.

(1) $\begin{pmatrix} 1 & 2 & 3 \\ 0 & 0 & 1 \\ 0 & 1 & 3 \end{pmatrix}$　　(2) $\begin{pmatrix} 1 & 2 & -1 \\ 0 & 0 & 3 \\ 0 & 0 & 1 \end{pmatrix}$　　(3) $\begin{pmatrix} 1 & 0 & -1 \\ 0 & 1 & 2 \\ 0 & 0 & 0 \end{pmatrix}$

【問 1・34】 つぎの行列の階数を求めなさい.

(1) $\begin{pmatrix} 2 & 4 & 6 & 8 \\ 5 & 7 & 9 & 11 \\ -1 & 2 & 5 & 8 \end{pmatrix}$　　(2) $\begin{pmatrix} 1 & 2 & 3 & 3 \\ 2 & 4 & 7 & 6 \\ 3 & 7 & 12 & 10 \end{pmatrix}$　　(3) $\begin{pmatrix} 1 & 2 & 3 & 4 \\ 2 & 5 & 8 & 9 \\ 1 & -1 & -3 & a \end{pmatrix}$

◆ 逆行列の計算

基本変形を利用して，逆行列を求めることができる．一般に，

$$n \text{ 次正方行列 } A \text{ が正則のとき，} \operatorname{rank} A = n$$

が成り立つ*.

* 問 1・43 参照.

したがって，行列 A に対して基本変形を施していく*と，標準形として単位行列が得られる（問 1・30）．このときに施した基本変形の手順を，単位行列 E_n に対して行うと A^{-1} が得られる．

逆行列の求め方

行列 A を標準形に導く際の，行に関する基本変形の手順を，単位行列に施すと A^{-1} が得られる．

例題 4　基本変形による逆行列の計算

行列 $A=\begin{pmatrix}1&2&3\\3&5&7\\2&2&3\end{pmatrix}$ の逆行列を求めなさい．

ヒント　例題 3 で行った基本変形を，単位行列に対して行う．

解 答　行列 A の右に，単位行列 E_3 を並べた $\begin{pmatrix}1&2&3&1&0&0\\3&5&7&0&1&0\\2&2&3&0&0&1\end{pmatrix}$ に対して，行に関する基本変形を施して，行列 A の部分を標準形に導けばよい．例題 3 と同じ手順を適用すると，

$$\begin{pmatrix}1&2&3&1&0&0\\3&5&7&0&1&0\\2&2&3&0&0&1\end{pmatrix}\longrightarrow\begin{pmatrix}1&2&3&1&0&0\\0&-1&-2&-3&1&0\\0&-2&-3&-2&0&1\end{pmatrix}\longrightarrow$$

$$\begin{pmatrix}1&2&3&1&0&0\\0&1&2&3&-1&0\\0&-2&-3&-2&0&1\end{pmatrix}\longrightarrow\begin{pmatrix}1&0&-1&-5&2&0\\0&1&2&3&-1&0\\0&0&1&4&-2&1\end{pmatrix}\longrightarrow$$

$$\begin{pmatrix}1&0&0&-1&0&1\\0&1&0&-5&3&-2\\0&0&1&4&-2&1\end{pmatrix}$$

ゆえに，$A^{-1}=\begin{pmatrix}-1&0&1\\-5&3&-2\\4&-2&1\end{pmatrix}$

* 行の基本変形（基本変形の ①, ②, ③）のみで，標準形に導くことができる（例題 7 参照）．

もし基本変形の結果，n 次正方行列 A の階数が n より小さくなったら，A^{-1} は存在しない．例題 4 では $\mathrm{rank}\,A=3$ だから，A^{-1} が存在する．

【問 1・35】 つぎの行列の逆行列があれば求めなさい．ただし，a, b, c は 0 でない．

(1) $\begin{pmatrix} 1 & 2 & 3 \\ 3 & 5 & 7 \\ -1 & -2 & -3 \end{pmatrix}$ (2) $\begin{pmatrix} a & 0 & 0 \\ 0 & b & 0 \\ 0 & 0 & c \end{pmatrix}$

◆ 連立1次方程式の解法

基本変形を利用して，連立 1 次方程式を解くことができる．中学校で学んだ連立 1 次方程式の解法（加減法）と，行列の基本変形の関係について考えてみよう．

たとえば，x, y, z に関する連立 1 次方程式

$$\begin{cases} x + y + z = 6 & ❶ \\ 2x + y - z = 1 & ❷ \\ -x + y + 3z = 10 & ❸ \end{cases}$$

は，行列を用いて，

$$\begin{pmatrix} 1 & 1 & 1 \\ 2 & 1 & -1 \\ -1 & 1 & 3 \end{pmatrix}\begin{pmatrix} x \\ y \\ z \end{pmatrix} = \begin{pmatrix} 6 \\ 1 \\ 10 \end{pmatrix}$$

と表すことができる．加減法に従って解くと，まず ❷−❶×2 と，❸+❶ により，x を消去して，$\begin{cases} -y-3z = -11 \\ 2y+4z = 16 \end{cases}$ とした後，最終的に

$$\begin{cases} x = 1 \\ y = 2 \\ z = 3 \end{cases}$$

を得る．

これを行列の立場で眺めると，連立方程式の係数を成分とする行列（係数行列）の右に，定数項を成分とするベクトルを並べた**拡大係数行列**

$$\begin{pmatrix} 1 & 1 & 1 & 6 \\ 2 & 1 & -1 & 1 \\ -1 & 1 & 3 & 10 \end{pmatrix}$$

に対して，行の基本変形を施し，最終的に

$$\begin{pmatrix}1&0&0\\0&1&0\\0&0&1\end{pmatrix}\begin{pmatrix}x\\y\\z\end{pmatrix}=\begin{pmatrix}1\\2\\3\end{pmatrix} \quad \text{すなわち} \quad \begin{pmatrix}1&0&0&1\\0&1&0&2\\0&0&1&3\end{pmatrix}$$

を導く過程ととらえることができる．

基本変形による連立方程式の解法 1

拡大係数行列に，行に関する基本変形を施すと，連立方程式を解くことができる．

このとき，拡大係数行列の各行は，連立方程式を構成する個々の方程式に対応する．

例題 5　基本変形による連立方程式の解法

つぎの連立方程式を解きなさい．ただし，a は定数とする．

$$\begin{cases}x+2y+3z=4\\2x+5y+8z=9\\x-y-3z=a\end{cases}$$

解 答　拡大係数行列 $\begin{pmatrix}1&2&3&4\\2&5&8&9\\1&-1&-3&a\end{pmatrix}$ に対して，行に関する基本変形を施して，係数行列の部分を標準形に導けばよい．

問 1・34(3) と同じ手順を適用すると，$\begin{pmatrix}1&0&-1&2\\0&1&2&1\\0&0&0&a-1\end{pmatrix}$ となる*から，

与えられた方程式は，

$$\begin{pmatrix}1&0&-1\\0&1&2\\0&0&0\end{pmatrix}\begin{pmatrix}x\\y\\z\end{pmatrix}=\begin{pmatrix}2\\1\\a-1\end{pmatrix} \quad \text{すなわち} \quad \begin{cases}x-z=2\\y+2z=1\\0=a-1\end{cases}$$

と変形できる．

解をもつための条件は，

$$0=a-1 \quad \text{すなわち} \quad a=1$$

で，このとき $\begin{cases}x=z+2\\y=-2z+1\end{cases}$ が成り立つ（z は任意）．

＊　問 1・34(3) の❸または❸′ 以降は列の基本変形である（p. 102 参照）．

そこで t を任意定数として，$z=t$ と表すと，$x=t+2$，$y=-2t+1$ となる．

これをまとめて，$a=1$ のとき，$\begin{pmatrix} x \\ y \\ z \end{pmatrix} = t\begin{pmatrix} 1 \\ -2 \\ 1 \end{pmatrix} + \begin{pmatrix} 2 \\ 1 \\ 0 \end{pmatrix}$

$a \neq 1$ のとき，連立方程式の解は存在しない

例題5において，係数行列は $\begin{pmatrix} 1 & 0 & -1 \\ 0 & 1 & 2 \\ 0 & 0 & 0 \end{pmatrix}$ と変形されるから，問1・33(3)より

その階数は2である．一方，拡大係数行列は，問1・34(3)より，

$a=1$ のとき階数は2，$a \neq 1$ のとき階数は3

となる．したがって，連立方程式の解が存在するとき，係数行列と拡大係数行列の階数は等しい．

連立方程式の解が存在する $\Longleftrightarrow$ 係数行列と拡大係数行列の階数が等しい

【問 1・36】 つぎの連立方程式を解きなさい．

(1) $\begin{cases} x+2y+3z=3 \\ 2x+4y+7z=6 \\ 3x+7y+12z=10 \end{cases}$　　(2) $\begin{cases} x+2y-z=1 \\ 2x+4y+z=-1 \\ 3x+6y-2z=2 \end{cases}$

連立方程式の係数行列の各列は，各変数の項に対応するから，入れかえても構わない．

基本変形による連立方程式の解法2

拡大係数行列の各列は，入れかえることができる（基本変形の④）．

ただし，

① 最右列（定数項に対応する）と入れかえることはできない．

② 列の入れかえによって，対応する変数の順序も入れかわる．

1・2・2 基 本 行 列

◆ 基本行列と基本変形

§1・2・1では，行列の基本変形がさまざまに応用されることを学習した．その背景について，さらに詳しく考えてみよう．

行列 $A=\begin{pmatrix} a & b & c \\ d & e & f \\ g & h & i \end{pmatrix}$ に対して，$\begin{pmatrix} 0 & 1 & 0 \\ 1 & 0 & 0 \\ 0 & 0 & 1 \end{pmatrix}$ を左から掛けると，

$$\begin{pmatrix} 0 & 1 & 0 \\ 1 & 0 & 0 \\ 0 & 0 & 1 \end{pmatrix}\begin{pmatrix} a & b & c \\ d & e & f \\ g & h & i \end{pmatrix} = \begin{pmatrix} d & e & f \\ a & b & c \\ g & h & i \end{pmatrix}$$

より，積は A の第 1 行と第 2 行を入れかえた行列となる．つまり，$\begin{pmatrix} 0 & 1 & 0 \\ 1 & 0 & 0 \\ 0 & 0 & 1 \end{pmatrix}$ を A の左から掛けることは，A の行に関する基本変形（いまの場合は基本変形の ①）を行うことと同じはたらきをする．このような行列の例をあげよう．

例 1・2　(1) $\begin{pmatrix} 1 & 0 & 0 \\ 0 & 5 & 0 \\ 0 & 0 & 1 \end{pmatrix}\begin{pmatrix} a & b & c \\ d & e & f \\ g & h & i \end{pmatrix} = \begin{pmatrix} a & b & c \\ 5d & 5e & 5f \\ g & h & i \end{pmatrix}$ より，$\begin{pmatrix} 1 & 0 & 0 \\ 0 & 5 & 0 \\ 0 & 0 & 1 \end{pmatrix}$ は，A の第 2 行を 5 倍する（基本変形の ②）．

(2) $\begin{pmatrix} 1 & 5 & 0 \\ 0 & 1 & 0 \\ 0 & 0 & 1 \end{pmatrix}\begin{pmatrix} a & b & c \\ d & e & f \\ g & h & i \end{pmatrix} = \begin{pmatrix} a+5d & b+5e & c+5f \\ d & e & f \\ g & h & i \end{pmatrix}$ より，$\begin{pmatrix} 1 & 5 & 0 \\ 0 & 1 & 0 \\ 0 & 0 & 1 \end{pmatrix}$ は，A の第 1 行に第 2 行の 5 倍を加える（基本変形の ③）．

【問 1・37】　つぎの行列を A の右から掛けたらどうなるか確かめなさい．

(1) $\begin{pmatrix} 0 & 1 & 0 \\ 1 & 0 & 0 \\ 0 & 0 & 1 \end{pmatrix}$　　(2) $\begin{pmatrix} 1 & 0 & 0 \\ 0 & 5 & 0 \\ 0 & 0 & 1 \end{pmatrix}$　　(3) $\begin{pmatrix} 1 & 5 & 0 \\ 0 & 1 & 0 \\ 0 & 0 & 1 \end{pmatrix}$

$\begin{pmatrix} 0 & 1 & 0 \\ 1 & 0 & 0 \\ 0 & 0 & 1 \end{pmatrix}$，$\begin{pmatrix} 1 & 0 & 0 \\ 0 & 5 & 0 \\ 0 & 0 & 1 \end{pmatrix}$，$\begin{pmatrix} 1 & 5 & 0 \\ 0 & 1 & 0 \\ 0 & 0 & 1 \end{pmatrix}$ のように，ある行列 A の左（または右）から掛けて，A の行（または列）に関する基本変形と同じはたらきをする行列を**基本行列**という．

基本行列と基本変形

① 基本行列を左から掛けると，行の基本変形をもたらす．
② 基本行列を右から掛けると，列の基本変形をもたらす．

行の基本変形（基本変形の ①, ②, ③）を**左基本変形**，列の基本変形（基本変形の ④, ⑤, ⑥）を**右基本変形**ともいう．

基本行列は，相手の行列の型を変えないから，正方行列である．

【問 1・38】 $m\times n$ 型行列 A の左および右から掛ける基本行列の型を求めなさい．

◆ 基本行列の一般形

それぞれの基本変形に対応する基本行列を求めよう．基本行列には，$F_n(i,j)$，$G_n(i;k)$，$H_n(i,j;k)$ の 3 種類がある（行列の型を表す添字 n は省略することができる）．

$F_n(i,j)$ は，単位行列 E_n の (i,i) 成分と (j,j) 成分を 0 に，(i,j) 成分と (j,i) 成分を 1 に変更した行列である．

$$F_n(i,j)=\begin{pmatrix} 1 & & & & & & & & \\ & \ddots & & \vdots & & & \vdots & & \\ & & 1 & \vdots & & & \vdots & & \\ \cdots & \cdots & \cdots & 0 & \cdots & \cdots & 1 & \cdots & \cdots \\ & & & \vdots & 1 & & \vdots & & \\ & & & \vdots & & \ddots & \vdots & & \\ & & & \vdots & & 1 & \vdots & & \\ \cdots & \cdots & \cdots & 1 & \cdots & \cdots & 0 & \cdots & \cdots \\ & & & \vdots & & & \vdots & 1 & \\ & & & \vdots & & & \vdots & & \ddots \\ & & & \vdots & & & \vdots & & & 1 \end{pmatrix}\begin{matrix} \\ \\ \\ \text{第}\,i\,\text{行} \\ \\ \\ \\ \text{第}\,j\,\text{行} \\ \\ \\ \\ \end{matrix}$$

第 i 列　第 j 列

$F(i,j)$ を行列 A の左から掛けると，A の第 i 行と第 j 行を入れかえる（基本変形の ①）．また $F(i,j)$ を行列 A の右から掛けると，A の第 i 列と第 j 列を入れかえる（基本変形の ④）．たとえば，$\begin{pmatrix} 0 & 1 & 0 \\ 1 & 0 & 0 \\ 0 & 0 & 1 \end{pmatrix}$ は $F_3(1,2)$ である．

$G_n(i;k)$ は，単位行列 E_n の (i,i) 成分を k に置き換えた行列である．

$$G_n(i;k)=\begin{pmatrix} 1 & & & & & \\ & \ddots & & \vdots & & \\ & & 1 & \vdots & & \\ \cdots & \cdots & \cdots & k & \cdots & \cdots \\ & & & \vdots & 1 & \\ & & & \vdots & & \ddots \\ & & & \vdots & & & 1 \end{pmatrix}\begin{matrix} \\ \\ \\ \text{第}\,i\,\text{行} \\ \\ \\ \\ \end{matrix}$$

第 i 列

$G_n(i;k)$ を行列 A の左から掛けると，A の第 i 行を k 倍する（基本変形の ②）．ま

た $G(i;k)$ を行列 A の右から掛けると，A の第 i 列を k 倍する（基本変形の ⑤）．たとえば，$\begin{pmatrix} 1 & 0 & 0 \\ 0 & 5 & 0 \\ 0 & 0 & 1 \end{pmatrix}$ は $G_3(2;5)$ である．

$H_n(i,j;k)$ は，単位行列 E_n の (i,j) 成分を k に置き換えた行列である．

$$H_n(i,j;k) = \begin{pmatrix} 1 & & & \vdots & & \\ & \ddots & & \vdots & & \\ \cdots & & 1 & \cdots k \cdots & & \\ & & & \ddots \vdots & & \\ & & & 1 & & \\ & & & \vdots & \ddots & \\ & & & \vdots & & 1 \end{pmatrix} \begin{matrix} \\ \\ 第\,i\,行 \\ \\ \\ \\ \\ \end{matrix}$$

第 j 列

$H(i,j;k)$ を行列 A の左から掛けると，A の第 i 行に第 j 行の k 倍を加える（基本変形の ③）．また $H(i,j;k)$ を行列 A の右から掛けると，A の第 j 列に第 i 列の k 倍を加える*（基本変形の ⑥）．たとえば，$\begin{pmatrix} 1 & 5 & 0 \\ 0 & 1 & 0 \\ 0 & 0 & 1 \end{pmatrix}$ は $H_3(1,2;5)$ である．

【問 1・39】 つぎの基本変形に対応する 3×3 型の基本行列を求めなさい．

(1) 第 2 行と第 3 行を入れかえる．

(2) 第 1 行を $\frac{1}{6}$ 倍する．

(3) 第 3 行に第 1 行の −2 倍を加える．

(4) 第 2 列と第 3 列を入れかえる．

(5) 第 3 列に第 1 列の 1 倍を加える．

◆ 基本行列の性質

ある基本変形には，対応する基本行列が必ず存在することがわかった．基本行列にはどのような性質があるだろうか．

基本変形には，その効果を取消す逆の基本変形がある．たとえば，

$$\begin{pmatrix} a & b & c \\ d & e & f \\ g & h & i \end{pmatrix} \underset{❷}{\overset{❶}{\rightleftarrows}} \begin{pmatrix} a & b & c \\ 5d & 5e & 5f \\ g & h & i \end{pmatrix}$$

において，❶ の基本変形“第 2 行を 5 倍する”の効果を取消すには，❷ の基本変形

---

* $H(i,j;k)$ を左から掛ける場合と右から掛ける場合とで，影響を受ける A の行または列の番号が異なることに注意．

“第2行を$\frac{1}{5}$倍する”を行えばよい．このとき，❷に対応する基本行列$G\left(2;\frac{1}{5}\right)$は，❶に対応する基本行列$G(2;5)$の逆行列になっている．すなわち，

$$G(2;5)^{-1} = G\left(2\,;\frac{1}{5}\right)$$

【問 1・40】 つぎの基本変形の効果を取消す基本変形を求めなさい．また対応する基本行列の関係を表しなさい．

(1) 第1行と第2行を入れかえる．

(2) 第3行に第1行の-2倍を加える．

(3) 第2列と第3列を入れかえる．

(4) 第3列に第1列の1倍を加える．

以上をまとめると，

基本行列の性質

① 基本行列は正則である．

② 基本行列の逆行列は，基本行列である．

【問 1・41】 $(G(2;5)F(1,2))^{-1}=F(1,2)G\left(2;\frac{1}{5}\right)$が成り立つことを示しなさい．また，この関係を基本変形の立場から説明しなさい．

例題 6　掃き出し法と基本行列

例題3で基本変形により標準形を導いた過程を，基本行列を用いて表しなさい．

解 答　例題3の各基本変形に対応する基本行列は，

$$A \xrightarrow{H(2,1;-3)} \xrightarrow{H(3,1;-2)} \begin{pmatrix} 1 & 2 & 3 \\ 0 & -1 & -2 \\ 0 & -2 & -3 \end{pmatrix} \xrightarrow{G(2;-1)} \begin{pmatrix} 1 & 2 & 3 \\ 0 & 1 & 2 \\ 0 & -2 & -3 \end{pmatrix}$$

$$\xrightarrow{H(1,2;-2)} \xrightarrow{H(3,2;2)} \begin{pmatrix} 1 & 0 & -1 \\ 0 & 1 & 2 \\ 0 & 0 & 1 \end{pmatrix} \xrightarrow{H(1,3;1)} \xrightarrow{H(2,3;-2)} E$$

である．これらの行列をAの左から順に掛けていくと，最終的にEになるから，

$H(2,3;-2)\,H(1,3;1)\,H(3,2;2)\,H(1,2;-2)\,G(2;-1)\,H(3,1;-2)\,H(2,1;-3)\,A=E$

または,

$$\begin{pmatrix}1&0&0\\0&1&-2\\0&0&1\end{pmatrix}\begin{pmatrix}1&0&1\\0&1&0\\0&0&1\end{pmatrix}\begin{pmatrix}1&0&0\\0&1&0\\0&2&1\end{pmatrix}\begin{pmatrix}1&-2&0\\0&1&0\\0&0&1\end{pmatrix}\begin{pmatrix}1&0&0\\0&-1&0\\0&0&1\end{pmatrix}\begin{pmatrix}1&0&0\\0&1&0\\-2&0&1\end{pmatrix}\begin{pmatrix}1&0&0\\-3&1&0\\0&0&1\end{pmatrix}A=E$$

例題6の結果より,

$A=H(2,1;-3)^{-1}H(3,1;-2)^{-1}G(2;-1)^{-1}H(1,2;-2)^{-1}H(3,2;2)^{-1}H(1,3;1)^{-1}H(2,3;-2)^{-1}$

となるが,基本行列の逆行列は基本行列だから,行列 A は基本行列の積で表すことができる(これは A の標準形が E, すなわち A が正則であれば常に成り立つ).

例題 7　正則行列の基本変形

n 次正方行列 A は, $\mathrm{rank}\,A=n$ のとき,行の基本変形のみで標準形に導けることを証明しなさい.

解 答　行列 A に対して,基本行列 $P_1, P_2, \cdots, P_l$ で表される基本変形を行に関して順次行い,基本行列 $Q_1, Q_2, \cdots, Q_m$ で表される基本変形を列に関して順次行って標準形が得られたとする.このとき

$$P_l\cdots P_2P_1AQ_1Q_2\cdots Q_m = F_{nn}(n)$$

が成り立つ.

$F_{nn}(n)=E$ かつ基本行列はすべて正則だから,両辺の右から $Q_m^{-1}\cdots Q_2^{-1}Q_1^{-1}$ を掛けると,

$$P_l\cdots P_2P_1A\underset{\sim\sim\sim\sim\sim\sim\sim\sim\sim\sim\sim\sim\sim\sim}{Q_1Q_2\cdots Q_mQ_m^{-1}\cdots Q_2^{-1}Q_1^{-1}} = EQ_m^{-1}\cdots Q_2^{-1}Q_1^{-1}$$

で,左辺において $Q_1Q_2\cdots Q_mQ_m^{-1}\cdots Q_2^{-1}Q_1^{-1}=E$ だから,

$$P_l\cdots P_2P_1A = Q_m^{-1}\cdots Q_2^{-1}Q_1^{-1}$$

となる.さらにこの両辺の左から $Q_1Q_2\cdots Q_m$ を掛けると,同様にして

$$Q_1Q_2\cdots Q_mP_l\cdots P_2P_1A = E \quad ①$$

が得られる.

① は,行列 A から左基本変形のみで単位行列 E ($\mathrm{rank}\,A=n$ のときの標準形)が導けることを示している.ゆえに,題意は証明された.

例題 7 の ❶ から，

$$A^{-1} = Q_1 Q_2 \cdots Q_m P_l \cdots P_2 P_1$$

がいえる*．これが，例題 4 で逆行列を求める際に用いた方法の根拠である．

【問 1・42】 $r < n$ のとき，$F_{nn}(r)$ は正則でないことを示しなさい．

【問 1・43】 問 1・42 の結果を用いて，

> n 次正方行列 A が正則のとき，$\mathrm{rank}\, A = n$

が成り立つことを証明しなさい．

---

* $\mathrm{rank}\, A = n$ のとき A^{-1} が存在することも示している．

ハミルトンの四元数

実数を成分とする行列（実行列）において，$\begin{pmatrix} a & -b \\ b & a \end{pmatrix}$というタイプの行列は，

$$\begin{pmatrix} a & -b \\ b & a \end{pmatrix} = a\begin{pmatrix} 1 & 0 \\ 0 & 1 \end{pmatrix} + b\begin{pmatrix} 0 & -1 \\ 1 & 0 \end{pmatrix}$$

と表すことができる．

$E = \begin{pmatrix} 1 & 0 \\ 0 & 1 \end{pmatrix}$だから，$J = \begin{pmatrix} 0 & -1 \\ 1 & 0 \end{pmatrix}$とおくと，$aE+bJ$と書くことができ，

$$EJ = JE = J, \quad J^2 = -E$$

が成り立つ．このとき，

$$\begin{cases} (aE+bJ) + (cE+dJ) = (a+c)E + (b+d)J & \text{❶} \\ (aE+bJ) - (cE+dJ) = (a-c)E + (b-d)J & \text{❷} \\ (aE+bJ)(cE+dJ) = (ac-bd)E + (ad+bc)J & \text{❸} \\ (cE+dJ)(aE+bJ) = (ac-bd)E + (ad+bc)J & \text{❹} \\ (aE+bJ)(aE-bJ) = (a^2+b^2)E & \text{❺} \end{cases}$$

を満たす．❶～❹は，このタイプの行列が，加法，減法，乗法について閉じていること，また❸と❹は，乗法の交換法則が成立すること，❺は，

$$aE + bJ \neq O \quad \text{のとき} \quad (aE+bJ)^{-1} = \frac{aE-bJ}{a^2+b^2}$$

を示している．❶～❺は，複素数の四則演算に相当し，実行列 $aE+bJ$ と複素数 $a+bi$ は1対1に対応する（Eを1に，Jをiに置き換えればよい）．

同様に，複素数を成分とする行列（複素行列）において，$\begin{pmatrix} \alpha & -\beta \\ \overline{\beta} & \overline{\alpha} \end{pmatrix}$というタイプの行列は，$\alpha = a+bi$，$\beta = c+di$ のとき，

$$\begin{pmatrix} a+bi & -c-di \\ c-di & a-bi \end{pmatrix} = a\begin{pmatrix} 1 & 0 \\ 0 & 1 \end{pmatrix} + b\begin{pmatrix} i & 0 \\ 0 & -i \end{pmatrix} + c\begin{pmatrix} 0 & -1 \\ 1 & 0 \end{pmatrix} + d\begin{pmatrix} 0 & -i \\ -i & 0 \end{pmatrix}$$

と表すことができる（$\overline{\alpha}$はαと共役な複素数で，$i^2=-1$）．

$I = \begin{pmatrix} i & 0 \\ 0 & -i \end{pmatrix}$，$K = \begin{pmatrix} 0 & -i \\ -i & 0 \end{pmatrix}$とおくと，$aE+bI+cJ+dK$と書くことができ，

$$\begin{cases} I^2 = J^2 = K^2 = -E \\ IJ = -JI = K \\ JK = -KJ = I \\ KI = -IK = J \end{cases}$$

が成り立つ．このとき，$E \to 1$，$I \to i$，$J \to j$，$K \to k$ という置き換えによって得られる“数”

$$a + bi + cj + dk$$

を，**四元数**（quaternion）といい，ハミルトン〔ハミルトン・ケイリーの定理（p. 77 参照）の発見者〕により考案された．四元数では，乗法の交換法則が成り立たないが，実数や複素数と同様に四則演算を行うことができる．

ちょうど $b=0$ のとき複素数 $a+bi$ が実数 a と一致するように，$c=d=0$ のとき四元数 $a+bi+cj+dk$ は複素数 $a+bi$ に一致する．また，複素数 $a+bi$ が実部 a と，虚部 b から成るように，四元数 $a+bi+cj+dk$ は**スカラー部** a と，**ベクトル部** $bi+cj+dk$ から成る（スカラーやベクトルという言葉はここから生まれた）．ベクトル部は，座標空間内の点あるいは空間のベクトル $\begin{pmatrix} b \\ c \\ d \end{pmatrix}$ を表すのに用いることができる．

行列計算のプログラミング

自然界や人間の社会で起こっている現象の多くは，個々の量が独立に変動するのではなく，多くの要因が互いに影響を及ぼし合いながら変化していく．このような多変量のデータを解析する際に，行列はきわめて有用な道具であり，最小2乗法などのデータ解析，統計分析，コンピューターグラフィックス（p. 78参照）などで活用されている．

コンピューターで行列を扱うには，**配列**（array）を用いる．配列は添字付きの変数で，複数の変数をまとめて取扱いたいときに便利である．以下は，プログラミング言語Cで書いた，例題3を解くためのソースコードである．

```
#include <stdio.h>

main()
{
int i, j, k;
double matrix[3][3] = {{1.0,2.0,3.0}, /* 元の行列 */
                       {3.0,5.0,7.0},
                       {2.0,2.0,3.0}};

for (k = 0; k < 3; k++){   /* 第k列を標準化する */
        double pivot = matrix[k][k];
        for (j = k; j < 3; j++) /* 対角成分を1にする */
          matrix[k][j] /= pivot;

        for (i = 0; i < 3; i++){ /* 非対角成分を0にする */
          if(i != k){
              for(j = k; j < 3; j++)
                    matrix[i][j] -= matrix[i][k] * matrix[k][j];
          }
        }
}

for (i = 0; i < 3; i++){ /* 標準形の書き出し */
        for (j =0; j < 3; j++)
          printf(" %f", matrix[i][j]);
        printf("\n");
}
}
```

なおC言語では，配列の添字は0から始まるので，注意が必要である．

2. 行　列　式

行列式の理論は，連立方程式を解く際に，変数を消去する方法として発展した．数学に取入れられた歴史は行列よりもむしろ古く，関孝和（p. 53 のコラム参照）やライプニッツによる先駆的な研究がある．一方，行列の英語である matrix は，本来“行列式を生み出す母型”という意味で命名された．行列式を用いると，行列の正則条件や逆行列を一般的な形で表すことができる．本章では行列式のさまざまな性質や，行列との関わりについて学ぼう．

2・1　行列式と置換

2・1・1　置　　換

◆ 行列式とは

x, y に関する連立 1 次方程式

$$\begin{cases} ax + by = m \\ cx + dy = n \end{cases}$$

は，$ad-bc \neq 0$ のとき，ただ一つの解をもち[*1]，

$$x = \frac{md - bn}{ad - bc}, \quad y = \frac{an - mc}{ad - bc}$$

となる．このとき，x, y の分母は同じであり，しかも連立方程式の係数行列 $\begin{pmatrix} a & b \\ c & d \end{pmatrix}$ から，“(左上の数)×(右下の数)−(右上の数)×(左下の数)”という計算規則によって得ることができる．この計算規則[*2]を $\begin{vmatrix} a & b \\ c & d \end{vmatrix}$ という記号で表すと，x, y の

＊1　例題 5 の，$a=1$ のときのように解が無数にある場合を**不定**，$a\neq1$ のときのように解が存在しない場合を**不能**という．

＊2　江戸時代の和算家の関孝和は，“解伏題之法”（1683 年）で“斜乗”とよんだ（p. 54）．

分子も同様の記号を用いて，

$$x = \frac{\begin{vmatrix} m & b \\ n & d \end{vmatrix}}{\begin{vmatrix} a & b \\ c & d \end{vmatrix}}, \quad y = \frac{\begin{vmatrix} a & m \\ c & n \end{vmatrix}}{\begin{vmatrix} a & b \\ c & d \end{vmatrix}}$$

と書くことができる（p. 51 参照）.

同様に，x, y, z に関する連立 1 次方程式

$$\begin{cases} ax + by + cz = l \\ dx + ey + fz = m \\ gx + hy + iz = n \end{cases}$$

がただ一つの解をもつとき，x, y, z は共通の分母をもち，やはり係数行列から“ある計算規則”によって得られる数である．この分母を $\begin{vmatrix} a & b & c \\ d & e & f \\ g & h & i \end{vmatrix}$ で表すと，

$$\begin{vmatrix} a & b & c \\ d & e & f \\ g & h & i \end{vmatrix} = aei + bfg + cdh - afh - bdi - ceg \quad ❶$$

が成り立つことが計算によって確かめられる．

$\begin{vmatrix} a & b \\ c & d \end{vmatrix}$ や $\begin{vmatrix} a & b & c \\ d & e & f \\ g & h & i \end{vmatrix}$ のように，一般に正方行列*1 A から，“ある計算規則*2”に基づいて得られる数を A の**行列式**（determinant）といい，$|A|$ で表す．

行列は“数の並び”であるが，行列式は，行列から“ある規則”に基づいて計算された“数”（正確にはスカラー）である．では，もとの行列から行列式をつくる際の“計算規則”とは，どのようなものだろうか．

◆ 置換とは

❶ を見ると，3 次正方行列の行列式は 6 個の項から成り，各項はいずれも 3 個の

---

*1　連立方程式の解が 1 通りに定まるためには，式の数と変数の数が同じであることが必要である．つまり係数行列は正方行列でなければならない．

*2　正確な定義は § 2・1・2 で学ぶ．

因数の積として表されている．この因数と行列の成分の位置との関係に注目すると，たとえば aei という項は，“もとの行列の第1行から a を，第2行から e を，第3行から i を選んでつくった積”とみなすことができ，しかもこのときの各成分は列の重複も避けて選び出されていることがわかる．つまり aei という項は，“行列の成分を，第1行は第1列から，第2行は第2列から，第3行は第3列から選んでつくった積”であり，各成分の行の番号を上に，列の番号を下に書くと，

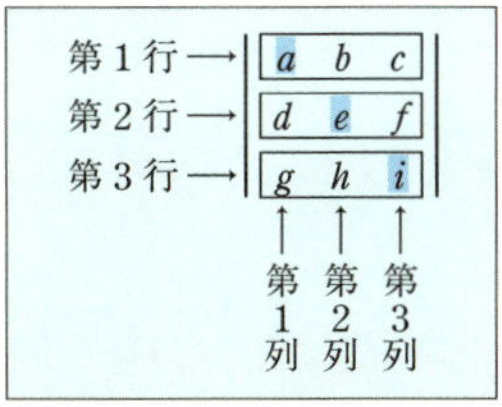

$$\begin{pmatrix} 1 & 2 & 3 \\ 1 & 2 & 3 \end{pmatrix} \qquad ❷$$

という対応づけにより選び出された因数の積である．

【問 2・1】 ❶の右辺の残りの5個の項を，❷の表式で表しなさい．

$\begin{pmatrix} 1 & 2 & 3 \\ 1 & 2 & 3 \end{pmatrix}$ や $\begin{pmatrix} 1 & 2 & 3 \\ 2 & 3 & 1 \end{pmatrix}$ などは，1, 2, 3 という3個の数の並べかえに相当する．一般に，$1, 2, \cdots, n$ という n 個の数の並べかえを，n 次の**置換**（substitution）という．置換はふつう σ, τ などのギリシャ文字で表す．

一般に，二つの集合 X, Y があって，X の要素のそれぞれに対して，Y の要素をただ一つだけ定める規則があるとする*1．いま X のすべての要素と Y のすべての要素が1対1にもれなく対応する*2 とき，この規則を X から Y への**全単射**（または**双射**）（bijection）という．n 次の置換は，$X = Y = \{1, 2, \cdots, n\}$ のときの X から Y への全単射に相当する．たとえば，$\begin{pmatrix} 1 & 2 & 3 \\ 1 & 2 & 3 \end{pmatrix}$ という置換は，下の図のような対応関係として表すことができる．

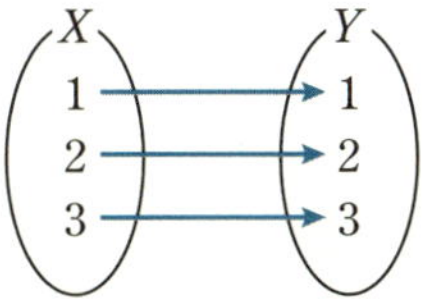

*1 §3・1・2で学ぶように，この規則のことを**写像**（または**関数**）という．
*2 ある Y の要素に二つ以上の X の要素が対応したり，X の要素がまったく対応しない Y の要素が存在したり，ということがない場合を意味する．

【問 2・2】 つぎの置換を，集合間の対応関係として示しなさい．

(1) $\begin{pmatrix} 1 & 2 & 3 \\ 2 & 3 & 1 \end{pmatrix}$　　(2) $\begin{pmatrix} 1 & 2 & 3 \\ 2 & 1 & 3 \end{pmatrix}$

【問 2・3】 3 次の置換は，全部で何個あるか．

置換を表記する際は，集合 X の要素を上に，集合 Y の要素を下に書く．このとき，要素間の対応関係を示す縦の並びが重要で，横の並べ方は自由である．たとえば，$\begin{pmatrix} 1 & 2 & 3 \\ 1 & 2 & 3 \end{pmatrix}$ を，$\begin{pmatrix} 1 & 3 & 2 \\ 1 & 3 & 2 \end{pmatrix}$ や $\begin{pmatrix} 2 & 3 & 1 \\ 2 & 3 & 1 \end{pmatrix}$ のように書いても構わない．

◆ いろいろな置換

置換 σ により，i が j に移るとき，$\sigma(i)=j$ と表す．たとえば，$\sigma=\begin{pmatrix} 1 & 2 & 3 \\ 2 & 3 & 1 \end{pmatrix}$ のとき，$\sigma(1)=2$，$\sigma(2)=3$，$\sigma(3)=1$ である．

【問 2・4】 (1) $\sigma=\begin{pmatrix} 1 & 2 & 3 \\ 1 & 2 & 3 \end{pmatrix}$ のとき，$\sigma(1)$，$\sigma(2)$，$\sigma(3)$ を求めなさい．

(2) $\sigma(i)=4-i$ を満たす 3 次の置換 σ を求めなさい．

$\begin{pmatrix} 1 & 2 & 3 \\ 1 & 2 & 3 \end{pmatrix}$ のように，すべての要素が自分自身に移る置換を，**恒等置換**という．

$\begin{pmatrix} 1 & 2 & 3 \\ 2 & 3 & 1 \end{pmatrix}$ という置換では，$1\to2\to3\to1$ のように，つぎつぎと隣の要素に移り，最終的にもとの要素に戻って巡回する．このような置換を**巡回置換**（cycle）という．巡回置換は巡回する順に要素を並べて，(1,2,3) と表すことがある*．巡回置換の要素の数を**長さ**という．

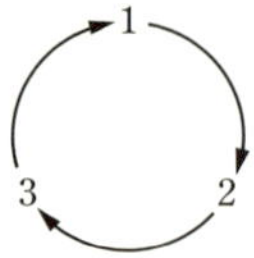

【問 2・5】 (1) $\begin{pmatrix} 1 & 2 & 3 \\ 3 & 1 & 2 \end{pmatrix}$ を，巡回置換として表記しなさい．

(2) (1,2,3) と (3,1,2) が同じ置換を表していることを確かめなさい．

---

* 末尾の 3 は，先頭の 1 に戻る．

$\begin{pmatrix} 1 & 2 & 3 \\ 2 & 1 & 3 \end{pmatrix}$では，3はこの置換によって動かず（自分自身に移る），1と2だけが入れかわっている．このように，2個の要素だけが互いに入れかわり，他の要素は動かない置換を，**互換**という．互換は長さ2の巡回置換である．たとえば，$\begin{pmatrix} 1 & 2 & 3 \\ 2 & 1 & 3 \end{pmatrix}$は，$(1, 2)$ と表すことがある*1.

【問 2・6】 つぎの置換のうち，互換はどれか．

(1) $\begin{pmatrix} 1 & 2 & 3 \\ 3 & 1 & 2 \end{pmatrix}$　　(2) $\begin{pmatrix} 1 & 2 & 3 \\ 3 & 2 & 1 \end{pmatrix}$　　(3) $\begin{pmatrix} 2 & 1 & 3 \\ 3 & 1 & 2 \end{pmatrix}$

◆ 置換の積と逆置換

置換$\sigma = \begin{pmatrix} 1 & 2 & 3 \\ 2 & 3 & 1 \end{pmatrix}$の後，さらに置換$\tau = \begin{pmatrix} 1 & 2 & 3 \\ 1 & 3 & 2 \end{pmatrix}$を行うと，1は$\sigma$により2に移り，さらにこの2が$\tau$によって3に移るから，1は最終的に3に移ることになる．

同様に，$2 \xrightarrow{\sigma} 3 \xrightarrow{\tau} 2$ より2は最終的に2に，$3 \xrightarrow{\sigma} 1 \xrightarrow{\tau} 1$ より3は最終的に1に移る．

このときの$\begin{pmatrix} 1 & 2 & 3 \\ 3 & 2 & 1 \end{pmatrix}$を，置換の**積***2といい，$\tau\sigma$と書く（$\tau$と$\sigma$の順序に注意．右の置換から順に実行する）．一般に，$\sigma\tau \neq \tau\sigma$である．

【問 2・7】 上のσ, τに対して，積$\sigma\tau$を求めなさい．

つぎに，$\sigma = \begin{pmatrix} 1 & 2 & 3 \\ 2 & 3 & 1 \end{pmatrix}$に対して，集合$X$と集合$Y$を入れかえた置換，つまり

$$1 \xrightarrow{\sigma} 2 \quad \text{に対して} \quad 2 \longrightarrow 1$$
$$2 \xrightarrow{\sigma} 3 \quad \text{に対して} \quad 3 \longrightarrow 2$$
$$3 \xrightarrow{\sigma} 1 \quad \text{に対して} \quad 1 \longrightarrow 3$$

とした置換

$$\begin{pmatrix} 1 & 2 & 3 \\ 3 & 1 & 2 \end{pmatrix}$$

*1　表記されない要素3は，自分自身に移ると考える．
*2　置換の積は，関数の場合の合成関数に相当する．

を，σ の**逆置換**といい*1，σ^{-1} で表す．σ^{-1} は，σ の表記の上下を入れかえた表記となっている．

$$\sigma^{-1} = \begin{pmatrix} 2 & 3 & 1 \\ 1 & 2 & 3 \end{pmatrix}$$

【問 2・8】 問 2・7 の τ に対して，τ^{-1} を求めなさい．

任意の置換 σ に対して，その逆置換 σ^{-1} が存在する*2．明らかに $(\sigma^{-1})^{-1} = \sigma$ であり，$\sigma\sigma^{-1}$ と $\sigma^{-1}\sigma$ は恒等置換である．

【問 2・9】 任意の置換 σ, τ について

$$(\tau\sigma)^{-1} = \sigma^{-1}\tau^{-1}$$

が成り立つことを示しなさい（σ, τ の順序に注意）．

◆ 置換の性質

置換に関して，つぎの定理が成り立つ．

置換に関する定理 1

任意の置換は，互換の積で表すことができる．

あみだくじはこの原理に基づいている．たとえば，A, B, C, D の 4 人に 1, 2, 3, 4 の番号を対応させるくじは，{A, B, C, D} から {1, 2, 3, 4} への全単射とみなすことができる．このとき，あみだくじの横線を書きいれることは，横線で結ばれた要素どうしを入れかえることに相当する．

例題 8　**置換を互換の積で表す**

置換 $\sigma = \begin{pmatrix} 1 & 2 & 3 & 4 & 5 \\ 2 & 4 & 5 & 1 & 3 \end{pmatrix}$ を以下の手順に従って，互換の積で表しなさい．

(1) σ を巡回置換の積で表しなさい．

(2) それぞれの巡回置換を，互換の積で表しなさい．

(3) σ を互換の積で表しなさい．

---

*1　逆置換は，関数の場合の逆関数に相当する．

*2　置換が全単射であることによる．

解　答　(1)　どれか一つの要素，たとえば1が，σ によってつぎつぎにどのような要素に移っていくかに注目すると，

$$1 \xrightarrow{\sigma} 2 \xrightarrow{\sigma} 4 \xrightarrow{\sigma} 1$$

となり，巡回置換 $(1,2,4)$ が見つかる．

つぎにまだ現れていない要素，たとえば3に注目し，同様のことを行うと，

$$3 \xrightarrow{\sigma} 5 \xrightarrow{\sigma} 3$$

より，互換$(3,5)$が見つかる（互換は巡回置換の特別な場合）．ゆえに，$\sigma=(3,5)(1,2,4)$ と表せる[*1]．

(2)　$(1,2,4)=\begin{pmatrix}1 & 2 & 4\\ 2 & 4 & 1\end{pmatrix}$を互換の積で表すことは，

$$\boxed{1}\quad\boxed{2}\quad\boxed{4}$$

の順に並んでいるカードを，任意の2枚の入れかえを繰返すことによって，

$$\boxed{2}\quad\boxed{4}\quad\boxed{1}$$

の順に並べかえることと同じである．このとき，最も左側にある $\boxed{1}$ に注目し，このカードを右隣のカードとつぎつぎに交換していけば，最終的に $\boxed{1}$ が最も右側にきてその他のカードを一つずつ左にずらすことができる．

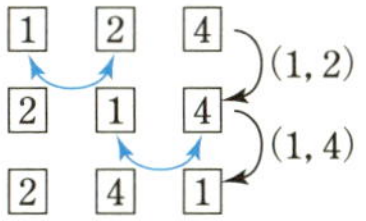

ゆえに，$(1,2,4)=(1,4)(1,2)$ となる[*2]．

なお $(3,5)$ は，それ自身が互換である．

(3)　(1), (2) より $\sigma=(3,5)(1,4)(1,2)$ となる[*3]．

【問 2・10】　例題8の(1)の解き方で，どの要素から出発してももとに戻る，すなわち必ず巡回置換が見つかるのはなぜか．

問2・10より，

任意の置換は，必ず巡回置換の積で表すことができる．

また例題8の(2)の方法を用いれば，

---

*1　$(1,2,4)$と$(3,5)$は要素の重複がないので，$\sigma=(1,2,4)(3,5)$ と表すこともできる．
*2　$(1,2,4)\neq(1,2)(1,4)$に注意．
*3　(1)で$\sigma=(1,2,4)(3,5)$と表したときは，$\sigma=(1,4)(1,2)(3,5)$ となる．

任意の巡回置換は，必ず互換の積で表すことができる．

したがって，任意の置換を互換の積で表すことができる．

ある置換を互換の積で表す表し方は1通りではない．たとえば$\begin{pmatrix}1 & 2 & 3\\ 2 & 3 & 1\end{pmatrix}$は，$(1,3)(1,2)$，$(2,3)(1,3)$，$(2,3)(1,2)(2,3)(1,2)$ などで表すことができる．ただし，このときは必ず偶数個の互換の積で表される．

置換に関する定理 2

ある置換σを互換の積で表すとき，互換の個数の偶奇はσにより定まる．

偶数個の互換の積で表される置換を**偶置換**，奇数個の互換の積で表される置換を**奇置換**という．

置換σの**符号** $\operatorname{sgn}\sigma$をつぎのように定める．

$$\operatorname{sgn}\sigma = \begin{cases} +1 & (\sigma\text{ が偶置換のとき}) \\ -1 & (\sigma\text{ が奇置換のとき}) \end{cases}$$

例題8の置換σは，3個の互換の積で表されるから奇置換で，その符号は-1である．

【問 2・11】 任意の置換σとその逆置換σ^{-1}は，符号が等しいことを示しなさい．

2・1・2 行 列 式

◆ 行列式の定義

§2・1・1で学んだ事項を用いて，行列から行列式を求める“計算規則”を正確に表現することができる．

p. 33において，

$$\begin{vmatrix} a & b & c \\ d & e & f \\ g & h & i \end{vmatrix} = aei + bfg + cdh - afh - bdi - ceg \qquad ❶$$

の右辺の項aeiは，

$$\sigma_1 = \begin{pmatrix}1 & 2 & 3\\ 1 & 2 & 3\end{pmatrix}$$

という置換σ_1で表される行番号と列番号の対応づけにより選び出された行列の成

分の積であった．このとき，$\mathrm{sgn}\,\sigma_1$ の正負に一致するように項 aei に符号をつける．

【問 2・12】 ❶の残りの5個の項についても，対応する置換の符号と正負が一致することを確かめなさい．

行列式の定義

n 次正方行列からつぎの手順に従ってつくられた数*を n 次の**行列式**という．

① 正方行列の各行から成分を1個ずつ選んで積をつくる．ただし，このとき選ばれた成分どうしで，列の重複がないようにする．こうした選び方は，n 次の置換で表すことができ，全部で $n!$ 通り（問2・3参照）ある．

② ①で選び出した各項に，対応する置換の符号を掛けて，足し合わせる．

◆ 3次以下の行列式

1次の行列式は，行列の成分自身である．

2次の行列式 $\begin{vmatrix} a & b \\ c & d \end{vmatrix}$ を，定義に基づいて求めてみよう．まず項の数は，全部で $2! = 2$ 個ある．第1行から a を選ぶと，第2行からは d を選ぶことになり，行番号と列番号を対応づける置換は $\begin{pmatrix} 1 & 2 \\ 1 & 2 \end{pmatrix}$ である．これは恒等置換であり，0個の互換の積で表されると考えると偶置換．したがって，その符号は $+1$．

一方，第1行から b を選ぶと，第2行からは c を選ぶことになり，対応する置換は $\begin{pmatrix} 1 & 2 \\ 2 & 1 \end{pmatrix}$．これは $(1,2)$ という互換であり，1個の互換の積とみなすと奇置換なので，その符号は -1．

以上より

$$\begin{vmatrix} a & b \\ c & d \end{vmatrix} = ad - bc$$

が得られる．これは

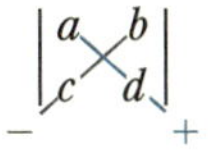

＊　行列の成分が文字の場合は n 次式となる．

のように眺めると覚えやすい（p. 31 参照）．

3 次の行列式 $\begin{vmatrix} a & b & c \\ d & e & f \\ g & h & i \end{vmatrix}$ は ❶ に示したが，つぎのように図式化すると，視覚的に求めることもできる．

この方法を**サラスの方法**という．

4 次以上の行列式について，このような簡単な公式は存在しない．4 次以上の行列式は，§2・2・2 で学ぶ余因子展開を用いて計算する．

【問 2・13】 対角行列の行列式に関して，

$$\begin{vmatrix} a_1 & & & O \\ & a_2 & & \\ & & \ddots & \\ O & & & a_n \end{vmatrix} = a_1 a_2 \cdots a_n$$

が成り立つことを示しなさい（特に $|E| = 1$ である）．

2・2　行列式の性質と計算

2・2・1　行列式の性質

行列式はどのような性質をもっているだろうか．順に見ていくことにしよう．

◆ 転置不変性

任意の正方行列 A の行列式と，その転置行列 ${}^tA$ の行列式は常に等しい．すなわち

$$|A| = |{}^tA|$$

この性質を，行列式の**転置不変性**という．

$A=\begin{pmatrix} a & b & c \\ d & e & f \\ g & h & i \end{pmatrix}$ の場合は，転置不変性は

$$\begin{vmatrix} a & b & c \\ d & e & f \\ g & h & i \end{vmatrix} = \begin{vmatrix} a & d & g \\ b & e & h \\ c & f & i \end{vmatrix} \qquad ❶$$

と表される．左辺の行列式を計算する際に，各行から列の重複を避けて成分を１個ずつ選んで積をつくったが，これは各列から行の重複を避けて１個ずつ成分を選んでつくった積にもなっている．たとえば，afh という項は，“行列 A の第１行から a を，第２行から f を，第３行から h を選んでつくった積”（§2・1・2参照）であるが，“行列 A の第１列から a を，第２列から h を，第３列から f を選んでつくった積”とみなすこともできる．これは右辺において，“行列 ${}^tA$ の第１行から a を，第２行から h を，第３行から f を選んでつくった積”と同じである．また行の番号と列の番号の立場を入れかえると，対応する置換はもとの逆置換となる（問2・14）が，問2・11により符号は変化しない．したがって，❶ の左辺と右辺で各項の正負は変わらない．ゆえに，転置不変性が成り立つ．

【問 2・14】 項 afh において，行の番号と列の番号の立場を入れかえると，対応する置換がもとの逆置換となることを確かめなさい．

転置行列の行は，もとの行列の列に相当するため，一般につぎのことがいえる．

行列式において，行に関して成り立つ性質は，列に関しても必ず成り立つ．

◆ 交 代 性

正方行列 A の二つの行を入れかえると，行列式の符号が変わる．この性質を行列式の**交代性**という．たとえば，A が３次正方行列で，第１行と第２行を入れかえるとすると，交代性は

$$\begin{vmatrix} d & e & f \\ a & b & c \\ g & h & i \end{vmatrix} = -\begin{vmatrix} a & b & c \\ d & e & f \\ g & h & i \end{vmatrix} \qquad ❷$$

と表される．これは，右辺と左辺で，各項の正負がすべて反転していることを示している．たとえば afh という項は，右辺において置換 $\begin{pmatrix} 1 & 2 & 3 \\ 1 & 3 & 2 \end{pmatrix}$ に基づいて得ら

れるが，左辺においては，置換$\begin{pmatrix}1 & 2 & 3\\1 & 3 & 2\end{pmatrix}(1,2)$に基づくと考えることができる．すなわち“左辺の第1行は右辺の第2行だから第3列から選び，第2行は右辺の第1行だから第1列から選び，第3行は第2列から選ぶ”として項 afh をつくるのである．他の項もすべて，左辺の置換には互換$(1,2)$が余分に掛かるため，偶奇が入れかわり，符号が反転することになる．ゆえに，交代性が成り立つ．

交代性は，別の形で表現することもできる．いま❷で $a=d$，$b=e$，$c=f$ とすると，$\begin{vmatrix}a & b & c\\a & b & c\\g & h & i\end{vmatrix}=-\begin{vmatrix}a & b & c\\a & b & c\\g & h & i\end{vmatrix}$だから，

$$\begin{vmatrix}a & b & c\\a & b & c\\g & h & i\end{vmatrix}=0$$

が成り立つ．すなわち一般につぎのことがいえる．

二つの行が一致する行列の行列式は0である．

行列式の転置不変性より，列に関しても交代性が成り立つ．たとえば，

$$\begin{vmatrix}a & b & c\\d & e & f\\g & h & i\end{vmatrix}=-\begin{vmatrix}b & a & c\\e & d & f\\h & g & i\end{vmatrix} \qquad ❸$$

【問 2・15】 ❸が成り立つことを証明しなさい．

◆ 多重線形性

n 次正方行列 A, B, C において，行列 A のある行の成分が，行列 B, C の同じ行の成分の和になっているとする（他の行の成分は，A, B, C ですべて同じ）．このとき

$$|A|=|B|+|C|$$

が成り立つ．これを行列式の**多重線形性**という．たとえば，$n=3$ で，“ある行”を第1行とすると，多重線形性は

$$\begin{vmatrix}a+a' & b+b' & c+c'\\d & e & f\\g & h & i\end{vmatrix}=\begin{vmatrix}a & b & c\\d & e & f\\g & h & i\end{vmatrix}+\begin{vmatrix}a' & b' & c'\\d & e & f\\g & h & i\end{vmatrix} \qquad ❹$$

と表される.

❹ で $a=a'$, $b=b'$, $c=c'$ とすると, $\begin{vmatrix} 2a & 2b & 2c \\ d & e & f \\ g & h & i \end{vmatrix} = 2\begin{vmatrix} a & b & c \\ d & e & f \\ g & h & i \end{vmatrix}$ が成り立つ.

同様にして, ❹ より

$$\begin{vmatrix} ka & kb & kc \\ d & e & f \\ g & h & i \end{vmatrix} = k\begin{vmatrix} a & b & c \\ d & e & f \\ g & h & i \end{vmatrix} \qquad ❺$$

を導くことができる. これが多重線形性の別表現である.

行列のある行を k 倍すると, 行列式も k 倍になる.

❺ が成り立つことはつぎのようにしてわかる. 行列式の計算において, 各項には必ず第 1 行の成分が 1 個だけ因数として含まれている. いま ❺ の左辺の第 1 行の成分はすべて k 倍されているから, 行列式の各項もすべて k 倍される. したがって, 行列式全体ももとの行列式の k 倍となり, ❺ が成り立つ. ❹ が成り立つことも同様に考えることができる.

【問 2・16】 $\begin{vmatrix} 2a & 2b & 2c \\ 2d & 2e & 2f \\ 2g & 2h & 2i \end{vmatrix} = 2^3\begin{vmatrix} a & b & c \\ d & e & f \\ g & h & i \end{vmatrix}$ が成り立つことを示しなさい.

問 2・16 より, n 次正方行列を k 倍すると, 行列式は k^n 倍になることがわかる. これが“多重”の意味である.

行列式の転置不変性より, 列に関しても多重線形性が成り立つ.

◆ 区分けした行列の行列式

区分けした行列に関して, つぎの式が成り立つ.

$$\begin{vmatrix} & A & & a_{1n} \\ & & & \vdots \\ 0 & \cdots & 0 & a_{nn} \end{vmatrix} = a_{nn}\,|A| \qquad ❻$$

証 明 左辺の行列式を計算する際に, 第 n 行の成分としては a_{nn} だけを選べばよい. なぜならば, それ以外の成分を選んだ場合は, 項自体が 0 となるため, 考え

なくてよいからである．すると，残りの行の成分は，第 n 列以外から選ぶことになる．ところが，第 1 行から第 $n-1$ 行の成分を，列の重複を避けて第 1 列から第 $n-1$ 列までの中から選んだとき，得られる行列式は $|A|$ に等しい．左辺の行列式は，これと第 n 行から選んだ成分を掛けたものだから，❻ が成り立つ．

◆ 行列の積の行列式

n 次正方行列 A, B の積の行列の行列式は，各行列式の積に等しい．すなわち，

$$|AB| = |A||B| \qquad ❼$$

【問 2・17】 2 次正方行列の場合に，❼ が成り立つことを示しなさい．

❼ で $B=A$ のとき，$|A^2| = |A|^2$ となる．同様に自然数 n に対して

$$|A^n| = |A|^n \qquad ❽$$

が成り立つ．

【問 2・18】 ❼ を用いて，❽ が成り立つことを示しなさい．

行列 A が正則のとき，❼ で $B=A^{-1}$ とすれば，$|E| = |A||A^{-1}|$．問 2・13 より $|E| = 1$ だから，$|A| \neq 0$ かつ

$$|A^{-1}| = \frac{1}{|A|}$$

が成り立つ．

正則行列の行列式

正方行列 A が正則のとき，$|A| \neq 0$

2・2・2 余因子展開

行列式の具体的な計算は，以下のいずれかの方法に基づいて行うことができる．

① 行列式の定義に従う（§2・1・2 参照）．

② 3 次以下の場合は，公式を用いる（§2・1・2 参照）．

③ 行列式の性質を利用する（§2・2・1 参照）．

このうち ③ については，余因子展開という便利な方法がある．もとの行列の成分

がどのようであっても，機械的に適用することができるため，コンピューターを用いて行列式を計算する際によく用いられる．

◆ 行列式の展開

$A=\begin{pmatrix}1&2&3\\4&5&6\\7&8&9\end{pmatrix}$ として，$|A|$ を展開して計算してみよう．行列式の余因子展開では，まず任意の行に注目する．たとえば，第1行に注目すると，$|A|$ の余因子展開はつぎのようになる（次項で証明する）．

$$|A| = 1\times(-1)^{1+1}\times\begin{vmatrix}5&6\\8&9\end{vmatrix}+2\times(-1)^{1+2}\times\begin{vmatrix}4&6\\7&9\end{vmatrix}+3\times(-1)^{1+3}\times\begin{vmatrix}4&5\\7&8\end{vmatrix} \quad ❶$$

ここで，右辺の1, 2, 3は第1行の各成分を表し，$(-1)^{1+1}$，$(-1)^{1+2}$，$(-1)^{1+3}$ はそれぞれ(1, 1)成分，(1, 2)成分，(1, 3)成分に対応している．

また，$\begin{vmatrix}5&6\\8&9\end{vmatrix}$ は A の第1行と第1列を取除いて得られる行列 $\begin{pmatrix}5&6\\8&9\end{pmatrix}$ の行列式で，A の(1, 1)**小行列式**（minor determinant）という．同様に，$\begin{vmatrix}4&6\\7&9\end{vmatrix}$ と $\begin{vmatrix}4&5\\7&8\end{vmatrix}$ は，それぞれ(1, 2)小行列式，(1, 3)小行列式である．

一般に，行列 A の (i,j) 小行列式に $(-1)^{i+j}$ を掛けたものを，A の (i,j) **余因子**（cofactor）といい，$\tilde{a}_{ij}$ で表す．すると，❶は

$$\tilde{a}_{11}=(-1)^{1+1}\times\begin{vmatrix}5&6\\8&9\end{vmatrix},\quad \tilde{a}_{12}=(-1)^{1+2}\times\begin{vmatrix}4&6\\7&9\end{vmatrix},\quad \tilde{a}_{13}=(-1)^{1+3}\times\begin{vmatrix}4&5\\7&8\end{vmatrix}$$

より，

$$|A| = 1\times\tilde{a}_{11}+2\times\tilde{a}_{12}+3\times\tilde{a}_{13}$$

と書くことができる．さらに $a_{11}=1$, $a_{12}=2$, $a_{13}=3$ に注意すると，$|A|$ の第1行に関する余因子展開は，

$$|A| = a_{11}\tilde{a}_{11}+a_{12}\tilde{a}_{12}+a_{13}\tilde{a}_{13} \quad ❷$$

のように，A の第1行の成分と余因子を用いて表される．

【問 2・19】 ❶の右辺を計算して，$|A|$ の値を求めなさい．

【問 2・20】 $|A|$ の第2行および第3行に関する余因子展開を ❷ のように表し，具体的に値を計算しなさい．

余因子展開の公式

n 次正方行列 A の行列式 $|A|$ は，第 i 行に関してつぎのように展開することができる．

$$|A| = a_{i1}\tilde{a}_{i1} + a_{i2}\tilde{a}_{i2} + \cdots + a_{in}\tilde{a}_{in}$$

ただし，$\tilde{a}_{ij}$ は A の (i,j) 余因子で，A の (i,j) 小行列式と $(-1)^{i+j}$ の積を表す．

A が n 次正方行列のとき，A の (i,j) 小行列式は $n-1$ 次になるので，余因子展開を行うことにより，計算する行列式の次数を一つ下げることができる．したがって，どんな次数の行列式でも，余因子展開を繰返していくと，最終的に3次以下の行列式の計算に帰着させることができる．

どの行に関して余因子展開を行っても，行列式の値は変わらないので，展開する際は，できるだけ計算しやすい行を選んで行えばよい．

【問 2・21】 $\begin{vmatrix} 0 & 1 & 2 & 3 \\ 1 & 2 & 3 & 4 \\ 4 & 3 & 2 & 1 \\ 0 & -1 & 0 & 0 \end{vmatrix}$ の値を計算しなさい．

◆ 余因子展開の証明

余因子展開の証明は，§2・2・1 で学んだ行列式の諸性質を用いて行うことができる．❶ が成り立つことを証明してみよう．

まず行列式の第1行に関する多重線形性より，

$$|A| = \begin{vmatrix} 1 & 0 & 0 \\ 4 & 5 & 6 \\ 7 & 8 & 9 \end{vmatrix} + \begin{vmatrix} 0 & 2 & 0 \\ 4 & 5 & 6 \\ 7 & 8 & 9 \end{vmatrix} + \begin{vmatrix} 0 & 0 & 3 \\ 4 & 5 & 6 \\ 7 & 8 & 9 \end{vmatrix} \qquad ❸$$

が示される．つぎに，$\begin{vmatrix} 0 & 0 & 3 \\ 4 & 5 & 6 \\ 7 & 8 & 9 \end{vmatrix}$ の第1行と第2行を入れかえ，さらに第2行と第3行を入れかえると，行列式の交代性より，

$$\begin{vmatrix} 0 & 0 & 3 \\ 4 & 5 & 6 \\ 7 & 8 & 9 \end{vmatrix} = -\begin{vmatrix} 4 & 5 & 6 \\ 0 & 0 & 3 \\ 7 & 8 & 9 \end{vmatrix} = (-1)^2 \times \begin{vmatrix} 4 & 5 & 6 \\ 7 & 8 & 9 \\ 0 & 0 & 3 \end{vmatrix}$$

が成り立つ．ここで区分けした行列式の公式（p. 43 参照）より，

$$\begin{vmatrix} 4 & 5 & 6 \\ 7 & 8 & 9 \\ 0 & 0 & 3 \end{vmatrix} = 3 \times \begin{vmatrix} 4 & 5 \\ 7 & 8 \end{vmatrix}$$

だから，

$$\begin{vmatrix} 0 & 0 & 3 \\ 4 & 5 & 6 \\ 7 & 8 & 9 \end{vmatrix} = 3 \times (-1)^2 \times \begin{vmatrix} 4 & 5 \\ 7 & 8 \end{vmatrix} \qquad ❹$$

となる．

同様に，$\begin{vmatrix} 0 & 2 & 0 \\ 4 & 5 & 6 \\ 7 & 8 & 9 \end{vmatrix}$ についても，まず第 1 行と第 2 行を入れかえ，さらに第 2 行と第 3 行を入れかえ，最後に第 2 列と第 3 列を入れかえると，

$$\begin{vmatrix} 0 & 2 & 0 \\ 4 & 5 & 6 \\ 7 & 8 & 9 \end{vmatrix} = (-1)^2 \times \begin{vmatrix} 4 & 5 & 6 \\ 7 & 8 & 9 \\ 0 & 2 & 0 \end{vmatrix} = (-1)^3 \times \begin{vmatrix} 4 & 6 & 5 \\ 7 & 9 & 8 \\ 0 & 0 & 2 \end{vmatrix}$$

が成り立つ．したがって，区分けの行列式の公式を用いて，

$$\begin{vmatrix} 0 & 2 & 0 \\ 4 & 5 & 6 \\ 7 & 8 & 9 \end{vmatrix} = 2 \times (-1)^3 \times \begin{vmatrix} 4 & 6 \\ 7 & 9 \end{vmatrix} \qquad ❺$$

が得られる．また $\begin{vmatrix} 1 & 0 & 0 \\ 4 & 5 & 6 \\ 7 & 8 & 9 \end{vmatrix}$ は，第 1 行と第 2 行を入れかえ，第 2 行と第 3 行を入れかえ，第 1 列と第 2 列を入れかえ，第 2 列と第 3 列を入れかえることにより，交代性と区分けした行列式の公式を用いて，

$$\begin{vmatrix} 1 & 0 & 0 \\ 4 & 5 & 6 \\ 7 & 8 & 9 \end{vmatrix} = (-1)^4 \times \begin{vmatrix} 5 & 6 & 4 \\ 8 & 9 & 7 \\ 0 & 0 & 1 \end{vmatrix} = 1 \times (-1)^4 \times \begin{vmatrix} 5 & 6 \\ 8 & 9 \end{vmatrix} \qquad ❻$$

と変形できる．

❹，❺，❻ を ❸ に代入すると，

$$|A| = 1\times(-1)^4\times\begin{vmatrix}5&6\\8&9\end{vmatrix} + 2\times(-1)^3\times\begin{vmatrix}4&6\\7&9\end{vmatrix} + 3\times(-1)^2\times\begin{vmatrix}4&5\\7&8\end{vmatrix} \quad ❼$$

となり，指数の表記を除いて，❶と同じ形が得られる．

上の証明は，容易に一般化することができる．❻で $\begin{vmatrix}1&0&0\\4&5&6\\7&8&9\end{vmatrix}$ から $\begin{vmatrix}5&6&4\\8&9&7\\0&0&1\end{vmatrix}$ への変形の際に，第 1 行を最下の第 3 行まで順次移動し，第 1 列を最右の第 3 列まで順次移動したため，行の入れかえを $3-1=2$ 回，列の入れかえを $3-1=2$ 回の計 4 回行った．これが $(-1)^4$ の指数に反映している．

一般に，第 i 行を最下の第 n 行まで順次移動し，第 j 列を最右の第 n 列まで順次移動すると，行の入れかえを $n-i$ 回，列の入れかえを $n-j$ 回の計 $2n-(i+j)$ 回行うことになる．このとき，$(-1)^{2n-(i+j)}$ は $(-1)^{i+j}$ と符号が等しいため，指数の表記を簡略化したのが余因子展開の公式である．

上の証明からわかる通り，余因子展開の式は，行列式の性質のみを用いて導かれる．したがって，転置不変性より，列に関する余因子展開も同様に成り立つ．

余因子展開は，任意の列に関しても行うことができる．

どの行あるいはどの列に関して余因子展開を行っても，行列式の値を計算することができる．

◆ 余因子行列

n 次正方行列 A に対して，$\tilde{a}_{ji}$ を (i, j) 成分にもつ行列* を A の**余因子行列**といい，$\tilde{A}$ で表す．$\tilde{A}$ も n 次正方行列である．

例 2・1 $A=\begin{pmatrix}a&b\\c&d\end{pmatrix}$ のとき，$\tilde{a}_{11}=(-1)^{1+1}d$, $\tilde{a}_{12}=(-1)^{1+2}c$, $\tilde{a}_{21}=(-1)^{2+1}b$, $\tilde{a}_{22}=(-1)^{2+2}a$ より，$\tilde{A}=\begin{pmatrix}\tilde{a}_{11}&\tilde{a}_{21}\\\tilde{a}_{12}&\tilde{a}_{22}\end{pmatrix}=\begin{pmatrix}d&-b\\-c&a\end{pmatrix}$

* $\tilde{a}_{ij}$ でないことに注意．

【問 2・22】 $A=\begin{pmatrix} a & b & c \\ d & e & f \\ g & h & i \end{pmatrix}$ のとき，$\tilde{A}$ を求めなさい．

例題 9　**余因子行列の性質**

A が n 次正方行列のとき

$$A\tilde{A} = \tilde{A}A = |A|E$$

が成り立つことを証明しなさい．

解 答　$A\tilde{A}$ の (i, k) 成分は，

$$\sum_{j=1}^{n} a_{ij}(\tilde{A}\text{ の }(j,k)\text{ 成分}) = \sum_{j=1}^{n} a_{ij}\tilde{a}_{kj} \qquad ❶$$

と表される．

(i) $i=k$ のとき，❶ の右辺は，

$$\sum_{j=1}^{n} a_{ij}\tilde{a}_{ij} = a_{i1}\tilde{a}_{i1} + a_{i2}\tilde{a}_{i2} + \cdots + a_{in}\tilde{a}_{in}$$

だから，A の第 i 行に関する余因子展開となる（p. 46 参照）．したがって，$|A|$ に等しい．

(ii) $i \neq k$ のとき，行列 A の第 k 行を第 i 行で置き換えた行列を B とすると，$b_{kj}=a_{ij}$，$\tilde{b}_{kj}=\tilde{a}_{kj}$ より* ❶ の右辺は，

$$\sum_{j=1}^{n} b_{kj}\tilde{b}_{kj} = b_{k1}\tilde{b}_{k1} + b_{k2}\tilde{b}_{k2} + \cdots + b_{kn}\tilde{b}_{kn}$$

$$B = \begin{pmatrix} a_{11} & \cdots & a_{1j} & \cdots & a_{1n} \\ \vdots & & \vdots & & \vdots \\ a_{i1} & \cdots & a_{ij} & \cdots & a_{in} \\ \vdots & & \vdots & & \vdots \\ a_{i1} & \cdots & a_{ij} & \cdots & a_{in} \\ \vdots & & \vdots & & \vdots \\ a_{n1} & \cdots & a_{nj} & \cdots & a_{nn} \end{pmatrix} \begin{matrix} \\ \\ \leftarrow \text{第 } i \text{ 行} \\ \\ \leftarrow \text{第 } k \text{ 行} \\ \\ \\ \end{matrix}$$

より $|B|$ に等しいが，行列 B は第 k 行と第 i 行が等しいため，交代性より $|B|=0$ となる．

(i)，(ii) より，$A\tilde{A}=|A|E$ が成り立つ．

$\tilde{A}A=|A|E$ が成り立つことも同様に証明される．

例題 9 より，$|A| \neq 0$ のとき，$A\dfrac{\tilde{A}}{|A|} = \dfrac{\tilde{A}}{|A|}A = E$ が成り立つから，つぎのことがいえる．

---

*　A と B は，第 k 行の成分を除いてすべて等しい．

逆行列の一般形

正方行列 A は，$|A| \neq 0$ のとき正則で，$A^{-1} = \dfrac{\tilde{A}}{|A|}$ である.

p. 44 の事実を合わせると，

$|A| \neq 0$ は，A が正則であるための必要十分条件である.

例 2・2 $A = \begin{pmatrix} a & b \\ c & d \end{pmatrix}$ は，

$|A| = ad-bc \neq 0$ のとき正則で，$A^{-1} = \dfrac{\tilde{A}}{|A|} = \dfrac{1}{ad-bc}\begin{pmatrix} d & -b \\ -c & a \end{pmatrix}$.

一方，$|A| = 0$ のとき A^{-1} は存在しない（p. 8 参照）.

◆ クラメルの公式

x_1，x_2 に関する連立 1 次方程式

$$\begin{cases} ax_1 + bx_2 = m_1 \\ cx_1 + dx_2 = m_2 \end{cases}$$

は，$A = \begin{pmatrix} a & b \\ c & d \end{pmatrix}$，変数を成分とするベクトルを $\boldsymbol{x} = \begin{pmatrix} x_1 \\ x_2 \end{pmatrix}$，定数項を成分とするベクトルを $\boldsymbol{m} = \begin{pmatrix} m_1 \\ m_2 \end{pmatrix}$ として，

$$A\boldsymbol{x} = \boldsymbol{m} \quad ❽$$

で表される．ここで，A が正則ならば，❽ の両辺の左から A^{-1} を掛けることにより，

$$\boldsymbol{x} = A^{-1}\boldsymbol{m} \quad ❾$$

として，連立方程式を解くことができる.

【問 2・23】 逆行列を用いて，つぎの連立方程式を解きなさい.

$$\begin{cases} x - 2y = -3 \\ 2x + 5y = 9 \end{cases}$$

同様に，$x_1, x_2, \cdots, x_n$ に関して n 個の方程式から成る連立 1 次方程式は，行列とベクトルを用いて ❽ の形に表すことができ，このとき係数行列 A は n 次正方行列に

なる．もし A が正則ならば，連立方程式の解は ❾ で与えられるが，n が 3 以上のとき，A^{-1} を一般的な形で求めるのは時間がかかる．そこで ❾ を

$$\boldsymbol{x} = \frac{\tilde{A}\boldsymbol{m}}{|A|}$$

と変形すると，$\boldsymbol{x} = \begin{pmatrix} x_1 \\ x_2 \\ \vdots \\ x_n \end{pmatrix}$，$\boldsymbol{m} = \begin{pmatrix} m_1 \\ m_2 \\ \vdots \\ m_n \end{pmatrix}$ として，

$$x_j = \frac{1}{|A|}\sum_{k=1}^{n}(\tilde{A}\text{ の }(j,k)\text{成分})m_k = \frac{1}{|A|}\sum_{k=1}^{n}\tilde{a}_{kj}m_k \qquad ❿$$

と表される．いま行列 A の第 j 列をベクトル $\boldsymbol{m}$ で置き換えた行列を B とすると

$$\tilde{a}_{kj} = \tilde{b}_{kj},\quad m_k = b_{kj}$$

より ❿ の右辺は，

$$\frac{1}{|A|}\sum_{k=1}^{n}\tilde{b}_{kj}b_{kj} = \frac{|B|}{|A|}$$

$$B = \begin{pmatrix} a_{11} & \cdots & m_1 & \cdots & a_{1n} \\ \vdots & & \vdots & & \vdots \\ a_{k1} & \cdots & m_k & \cdots & a_{kn} \\ \vdots & & \vdots & & \vdots \\ a_{n1} & \cdots & m_n & \cdots & a_{nn} \end{pmatrix}$$

↑ 第 j 列

となる．以上をまとめると，つぎの公式が成り立つ．

連立 1 次方程式の解

n 次正方行列 A を係数行列とする，$x_1, x_2, \cdots, x_n$ に関する連立 1 次方程式の解は，A が正則のとき

$$x_j = \frac{|A_j|}{|A|} \quad (j=1, 2, \cdots, n)$$

で与えられる．ここで A_j は A の第 j 列を定数項ベクトルで置き換えた行列である．

これを**クラメルの公式**といい，連立 1 次方程式の“解の公式”に相当する．

例 2・3 x_1, x_2 に関する連立 1 次方程式

$$\begin{cases} ax_1 + bx_2 = m_1 \\ cx_1 + dx_2 = m_2 \end{cases}$$

は，$A = \begin{pmatrix} a & b \\ c & d \end{pmatrix}$，$A_1 = \begin{pmatrix} m_1 & b \\ m_2 & d \end{pmatrix}$，$A_2 = \begin{pmatrix} a & m_1 \\ c & m_2 \end{pmatrix}$ より

$|A| = ad-bc \neq 0$ のとき，

$$x_1 = \frac{\begin{vmatrix} m_1 & b \\ m_2 & d \end{vmatrix}}{\begin{vmatrix} a & b \\ c & d \end{vmatrix}} = \frac{m_1 d - b m_2}{ad - bc}, \qquad x_2 = \frac{\begin{vmatrix} a & m_1 \\ c & m_2 \end{vmatrix}}{\begin{vmatrix} a & b \\ c & d \end{vmatrix}} = \frac{a m_2 - m_1 c}{ad - bc}$$

と表される（p. 32 参照）.

【問 2・24】 x, y, z に関する連立 1 次方程式

$$\begin{cases} ax + by + cz = l \\ dx + ey + fz = m \\ gx + hy + iz = n \end{cases}$$

の解を行列式を用いて表しなさい．ただし $\begin{vmatrix} a & b & c \\ d & e & f \\ g & h & i \end{vmatrix} \neq 0$ とする.

江戸時代の行列式論 — 文化としての数学

現在われわれが学んでいる数学は，明治以降に西洋から輸入したものであるが，それ以前にも高度な数学が営まれていた．これを**和算**といい，中国の**天元術**とよばれる代数学をもとに，わが国で独自の体系を確立した．

天元術では，多項式を問 3・4（p. 59）の解答のように，各項の係数のみ次数の低い順に縦に並べて表した．たとえば，問 3・4(1) の $5-x+3x^2-x^3$ は，天元術では図のようになる．

数字は，漢字ではなく，縦棒と横棒を組合せで表す．これは，**算木**という計算道具を紙面に書き写したもので，実際の計算は，**算盤**（さんばん）とよばれる板の上で，並べた算木の向きを変えながら行った．正負は算木の色で区別したが，書面では負の数に斜線を入れて表した．これにより，多項式の加減乗法や，2 次方程式，3 次方程式を解くことが行われていた．ただし，こうした天元術で扱えるのは，変数が 1 種類で，かつ係数が数字のものに限られる．

そこで，複数の変数あるいは文字を含む係数をも扱えるように，多項式の表記法に変更が加えられた．これを**傍書法**または**点竄術**（てんざん）といい，関孝和による発明である．傍書法では，算木の表示の右傍に文字を書き並べる．たとえば，甲で a，乙で b を表すと，$-a$ および ab は図のようになる．

傍書法によって，方程式の記号代数的な取扱いが可能となり，その後の和算が大きく発展することとなった．

和算において，解くために 2 種類以上の変数が必要となる問題を伏題といい，関は“解伏題之法”（1683 年）において，伏題を解くための系統的な方法を著している．この際，変数を 1 種類ずつ消去していくことにより，最終的に求めたい解を得ることになる．いま，消去する変数を x とし，つぎのような x に関する 2 次式から x を消去することを考えよう．

$$\begin{cases} ax^2+bx+c=0 & ❶ \\ dx^2+ex+f=0 & ❷ \\ gx^2+hx+i=0 & ❸ \end{cases}$$

ここで，係数 $a, b, c, \cdots$ のおのおのは，x 以外の変数を含む式である．関の方法に従って，❶$\times eg+$❷$\times ah+$❸$\times bd-$❶$\times dh-$❷$\times bg-$❸$\times ae$ をつくると，計 18 個の項が出てくるが，その多くは相殺して，x^2 と x の係数は 0 になる．最終的に，x を含まない式

$$ceg+afh+bdi-cdh-bfg-aei=0 \qquad ❹$$

が得られる．今日の数学において，これは**終結式**とよばれている．このとき，❶，❷，❸ の方程式を，現代の記法を用いて，

$$\begin{pmatrix} a & b & c \\ d & e & f \\ g & h & i \end{pmatrix}\begin{pmatrix} x^2 \\ x \\ 1 \end{pmatrix} = \begin{pmatrix} 0 \\ 0 \\ 0 \end{pmatrix} \qquad ❺$$

と表すと，❹ は“係数行列の行列式 ＝ 0”に相当する．クラメルによる行列式の取扱い（1750 年）の 1 世紀前のことである．ただし，和算では，多項式自体と，“多項式＝ 0”の形の方程式は，区別できなかったため，前者に相当する ❹ の左辺には，名前がつけられていない．

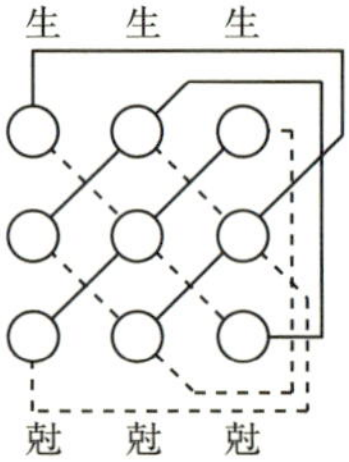

左の図は，“解伏題之法”において，方程式 ❶，❷，❸ を傍書法で表したもので，一式は ❶ を，二式は ❷ を，三式は ❸ を表している．また，右の図は，❹ の左辺を求めるための方式として，**斜乗**とよばれる規則を示したもので，線で結ばれた係数の積をつくり，生は正，尅は負の符号をつける．❺ の係数行列と比べて，行と列が入れかわっていること，左右が逆転していることに注意すれば，今日のサラスの方法（p. 40）に相当することがわかる．

3. 線形空間

本章の主役はベクトルである．高校では，座標からベクトル（位置ベクトル）を導入したが，大学では，ベクトル（基底）によって座標軸を設定する．また，ベクトルどうしの比例関係である線形写像および線形変換について学ぶことにより，第1章の行列や第2章の行列式の本質が明らかとなる．線形変換はコンピューターグラフィックスなど実用的にも利用されており（p. 78），線形空間の概念は微分方程式の解法上でも重要である（p. 80）．本章は本書の核心となる内容である．

3・1 線形空間と線形写像

3・1・1 線形空間

◆ 線形空間とベクトル

高校で学んだベクトルについて復習しておこう．

一般に，大きさと向きをあわせもつ量を**ベクトル**（vector）という．ベクトルは有向線分（矢印）で表されるが，始点が異なっても平行移動により重なる有向線分は，すべて同じベクトルを表すと考える．

ベクトルを表すのに，高校では $\vec{a}, \vec{b}$ のように小文字の上に矢印を用いたが，大学では $\boldsymbol{a}, \boldsymbol{b}$ のように太字で表す．

ベクトルに関して，**和**と k **倍**が定義される．k は高校では実数だったが，大学では複素数も含めた一般のスカラーである．

始点と終点の一致したベクトルを**零ベクトル**（数の0に相当するベクトル）といい，$\boldsymbol{o}$ で表す．また $(-1)\boldsymbol{a}$ を**逆ベクトル**（もとのベクトルと大きさが同じで向きが反対のベクトル）といい，$-\boldsymbol{a}$ で表す．$-\boldsymbol{a}$ は，$\boldsymbol{a}+\boldsymbol{x}=\boldsymbol{o}$ を満たすベクトル $\boldsymbol{x}$ のことである．また $\boldsymbol{a}+(-\boldsymbol{b})$ を $\boldsymbol{a}-\boldsymbol{b}$ と書く．

大学では，個々のベクトルではなく，ベクトルの集合の性質について考察する．平面上または空間内のベクトル全体の集合を**線形空間**（または**ベクトル空間**）

(vector space) という．要するに，線形空間とは，その要素に対して加法とスカラー倍が自由に計算できる[*1]集合のことである．

大学の数学では，ベクトルを有向線分の概念から拡張し，"加法"および"スカラー倍"という演算について閉じている数学的対象をすべてベクトルとよぶことにする．

【問 3・1】 $P(x)$は，xの多項式[*2]とする．このとき，$P(x)$全体の集合は，線形空間であることを示しなさい（この命題より，xの多項式は，ベクトルとみなすことができる）．

線形空間の定義

"加法"および"スカラー倍"が定義され[*3]，これらの演算について閉じている集合を線形空間という．また，線形空間の要素をベクトルという．

このときのスカラーの集合をKとして，"K上の線形空間"ということもある．特に，スカラーが実数の場合にはKの代わりにRで，スカラーが複素数の場合にはKの代わりにCで表して区別する（すなわち，Rは実数全体の集合，Cは複素数全体の集合である）．

◆ 線 形 結 合

ベクトルに関する最も重要な性質は，線形結合という概念である．高校で学習した下記の性質が基本となる．

① 平面上の任意のベクトルは，平行でない二つのベクトル $\boldsymbol{a}, \boldsymbol{b}$ を用いて，$m\boldsymbol{a}+n\boldsymbol{b}$ の形に一意的に[*4]表される．

② 空間の任意のベクトルは，同一平面上にない三つのベクトル $\boldsymbol{a}, \boldsymbol{b}, \boldsymbol{c}$ を用いて，$l\boldsymbol{a}+m\boldsymbol{b}+n\boldsymbol{c}$ の形に一意的に表される．

$m\boldsymbol{a}+n\boldsymbol{b}$ を $\boldsymbol{a}, \boldsymbol{b}$ の**線形結合**（または**1次結合**）(linear combination)，$l\boldsymbol{a}+m\boldsymbol{b}+n\boldsymbol{c}$ を $\boldsymbol{a}, \boldsymbol{b}, \boldsymbol{c}$ の線形結合という．

＊1　線形空間の任意の要素の和およびスカラー倍が，やはり線形空間の要素になっていることを意味する．

＊2　高校では単項式と多項式をあわせて整式とよんだが，大学では単項式は多項式の特別な場合とみなす．

＊3　"加法"の結合法則や交換法則，分配法則が成り立つものとする．

＊4　"必ず1通りに"という意味である．

一般に，ベクトル $\boldsymbol{a}_1, \boldsymbol{a}_2, \cdots, \boldsymbol{a}_n$ が与えられたとき，

$$\sum_{i=1}^{n} k_i\boldsymbol{a}_i = k_1\boldsymbol{a}_1+k_2\boldsymbol{a}_2+\cdots+k_n\boldsymbol{a}_n$$

を，$\boldsymbol{a}_1, \boldsymbol{a}_2, \cdots, \boldsymbol{a}_n$ の線形結合という．要するに，線形結合とは，$\boldsymbol{a}_1, \boldsymbol{a}_2, \cdots, \boldsymbol{a}_n$ の加法とスカラー倍を組合わせて得られるベクトルのことである．

なお，単に線形結合というときに，$\boldsymbol{a}_1, \boldsymbol{a}_2, \cdots, \boldsymbol{a}_n$ に関しては何の制限もない．ただし，線形結合が重要な意味をもつのは，上にあげたような，$\boldsymbol{a}_1, \boldsymbol{a}_2$ が平行でなかったり，$\boldsymbol{a}_1, \boldsymbol{a}_2, \boldsymbol{a}_3$ が同一平面上にない場合である．これについて，もう少し考えてみよう．

◆ 線形従属

ベクトル $\boldsymbol{a}_1, \boldsymbol{a}_2, \cdots, \boldsymbol{a}_n$ のうち，どれか一つが他のベクトルの線形結合で表されるとき，$\boldsymbol{a}_1, \boldsymbol{a}_2, \cdots, \boldsymbol{a}_n$ は**線形従属**（または**1次従属**）(linearly dependent) であるという．

たとえば，平面上の二つのベクトル $\boldsymbol{a}, \boldsymbol{b}$ が平行なとき，$\boldsymbol{b} = k\boldsymbol{a}$ で表されることを高校で学習したが，このとき $\boldsymbol{a}, \boldsymbol{b}$ は線形従属である．同様に，空間のベクトル $\boldsymbol{a}, \boldsymbol{b}, \boldsymbol{c}$ が同一平面上にあるとき，$\boldsymbol{c} = l\boldsymbol{a}+m\boldsymbol{b}$ と表されるので，$\boldsymbol{a}, \boldsymbol{b}, \boldsymbol{c}$ は線形従属である．

$\boldsymbol{o} = 0\boldsymbol{a}_1+0\boldsymbol{a}_2+\cdots+0\boldsymbol{a}_n$ のように，零ベクトルは任意のベクトルの線形結合で表されるので，ベクトル $\boldsymbol{a}_1, \boldsymbol{a}_2, \cdots, \boldsymbol{a}_n$ の中に零ベクトルが含まれるときは，必ず線形従属となる．

高校では，$\boldsymbol{a}/\!/\boldsymbol{b}$ のときは $\boldsymbol{a} \neq \boldsymbol{o}$ かつ $\boldsymbol{b} \neq \boldsymbol{o}$ の場合としたが，大学では $\boldsymbol{a} = \boldsymbol{o}$ や $\boldsymbol{b} = \boldsymbol{o}$ の場合も，$\boldsymbol{a}/\!/\boldsymbol{b}$ に含めて考える．すると，

$\boldsymbol{a}$ と $\boldsymbol{b}$ が平行 $\Longleftrightarrow$ $\boldsymbol{a}, \boldsymbol{b}$ が線形従属

となり，同様に，

$\boldsymbol{a}, \boldsymbol{b}, \boldsymbol{c}$ が同一平面上にある $\Longleftrightarrow$ $\boldsymbol{a}, \boldsymbol{b}, \boldsymbol{c}$ が線形従属

がいえる．

◆ 線形独立

ベクトル $\boldsymbol{a}_1, \boldsymbol{a}_2, \cdots, \boldsymbol{a}_n$ が線形従属でないとき，**線形独立**（または**1次独立**）(linearly independent) であるという．すなわち，線形独立とは，$\boldsymbol{a}_1, \boldsymbol{a}_2, \cdots, \boldsymbol{a}_n$ の

いずれのベクトルも残りのベクトルの線形結合で表すことができない，ということである．

たとえば，

$$\text{平面上のベクトル } \boldsymbol{a}, \boldsymbol{b} \text{ が線形独立} \iff \boldsymbol{a} \text{ と } \boldsymbol{b} \text{ が平行でない}$$

および

$$\text{空間のベクトル } \boldsymbol{a}, \boldsymbol{b}, \boldsymbol{c} \text{ が線形独立} \iff \boldsymbol{a}, \boldsymbol{b}, \boldsymbol{c} \text{ が同一平面上にない}$$

が成り立つ．

例題 10　線 形 独 立

ベクトル $\boldsymbol{a}_1, \boldsymbol{a}_2, \cdots, \boldsymbol{a}_n$ が線形独立のとき

$$k_1\boldsymbol{a}_1 + k_2\boldsymbol{a}_2 + \cdots + k_n\boldsymbol{a}_n = \boldsymbol{o} \implies k_1 = k_2 = \cdots = k_n = 0$$

が成り立つことを証明しなさい（$\Longleftarrow$ は常に成り立つ）．

解 答　背理法によって証明する．もし，$k_1\boldsymbol{a}_1+k_2\boldsymbol{a}_2+\cdots+k_n\boldsymbol{a}_n=\boldsymbol{o}$ のとき，右辺が成り立たないとすると，$k_1, k_2, \cdots, k_n$ の中の少なくとも一つは 0 ではない．いま $k_i \neq 0$ とすると，$k_1\boldsymbol{a}_1+k_2\boldsymbol{a}_2+\cdots+k_n\boldsymbol{a}_n=\boldsymbol{o}$ の両辺を $\frac{1}{k_i}$ 倍することができて，

$$\frac{k_1}{k_i}\boldsymbol{a}_1 + \frac{k_2}{k_i}\boldsymbol{a}_2 + \cdots + \boldsymbol{a}_i + \cdots + \frac{k_n}{k_i}\boldsymbol{a}_n = \boldsymbol{o}$$

が成り立つ．したがって，

$$\boldsymbol{a}_i = -\frac{k_1}{k_i}\boldsymbol{a}_1 - \frac{k_2}{k_i}\boldsymbol{a}_2 - \cdots - \frac{k_n}{k_i}\boldsymbol{a}_n$$

と表すことができるので，$\boldsymbol{a}_1, \boldsymbol{a}_2, \cdots, \boldsymbol{a}_n$ が線形従属となり矛盾する．

ゆえに，右辺の $k_1=k_2=\cdots=k_n=0$ が成り立つ．

高校では，例題 10 で $n=2$ の場合に相当する

“ベクトル $\boldsymbol{a}_1, \boldsymbol{a}_2$ が平行でないとき，$k_1\boldsymbol{a}_1+k_2\boldsymbol{a}_2=\boldsymbol{o} \implies k_1=k_2=0$”

を学習したことになる．

【問 3・2】　ベクトル $\boldsymbol{a}_1, \boldsymbol{a}_2, \cdots, \boldsymbol{a}_n$ が線形独立のとき

$$k_1\boldsymbol{a}_1 + k_2\boldsymbol{a}_2 + \cdots + k_n\boldsymbol{a}_n = l_1\boldsymbol{a}_1 + l_2\boldsymbol{a}_2 + \cdots + l_n\boldsymbol{a}_n \implies k_1 = l_1, k_2 = l_2, \cdots, k_n = l_n$$

が成り立つことを証明しなさい．

◆ 基　底

p. 56 にあげたベクトルの性質を，新たに定義した用語を用いて表現すると，つぎのようになる．

① 平面上の任意のベクトル $\boldsymbol{x}$ は，線形独立な二つのベクトル $\boldsymbol{a}, \boldsymbol{b}$ の線形結合により，$\boldsymbol{x} = m\boldsymbol{a}+n\boldsymbol{b}$ と一意的に表される．

② 空間の任意のベクトル $\boldsymbol{x}$ は，線形独立な三つのベクトル $\boldsymbol{a}, \boldsymbol{b}, \boldsymbol{c}$ の線形結合により，$\boldsymbol{x} = l\boldsymbol{a}+m\boldsymbol{b}+n\boldsymbol{c}$ と一意的に表される．

このときの $\boldsymbol{a}, \boldsymbol{b}$（または $\boldsymbol{a}, \boldsymbol{b}, \boldsymbol{c}$）を，**基底**（basis）という．① と ② をまとめると，

任意のベクトルは，適当な基底を定めることにより，その線形結合の形に一意的に表される．

したがって，定められた基底のもとでは，ベクトル $\boldsymbol{x}$ を表すのに，

$$\boldsymbol{x} = \begin{pmatrix} m \\ n \end{pmatrix}, \quad \boldsymbol{x} = \begin{pmatrix} l \\ m \\ n \end{pmatrix}$$

のように，線形結合の係数だけ指定すれば十分である．これを $\boldsymbol{x}$ の**成分表示**といい，l, m, n などを**成分**という．ベクトルを成分表示するときは，通常は縦に各成分を順に並べて表す．

ベクトルの基本性質

ベクトルは，基底を定めれば，成分で表すことができる．

【問 3・3】 $\boldsymbol{a}, \boldsymbol{b}$ を基底とするとき，$\boldsymbol{x}$ を成分で表しなさい．

(1)

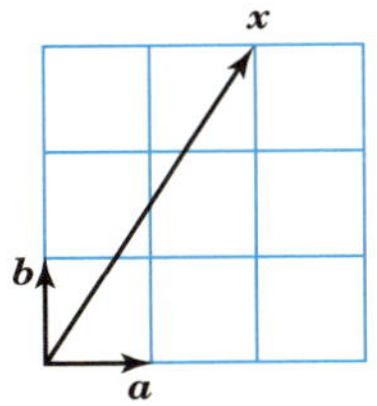

(2)

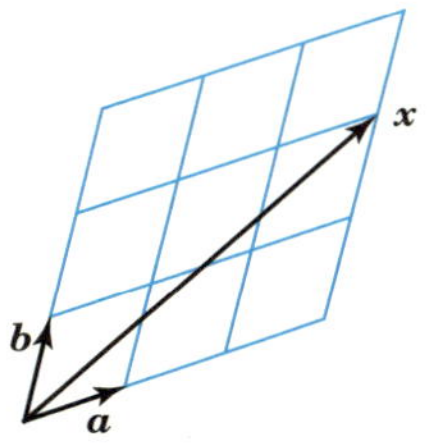

【問 3・4】 問 3・1 で $P(x)$ を 3 次以下の多項式とする．$1, x, x^2, x^3$ を基底としたとき，つぎの多項式をベクトルとみなして成分表示しなさい．

(1) $P(x) = -x^3+3x^2-x+5$　　(2) $P(x) = x^2-4$

【問 3・5】 $\boldsymbol{a}_1, \boldsymbol{a}_2, \cdots, \boldsymbol{a}_n$ を基底として，$\boldsymbol{x} = \begin{pmatrix} x_1 \\ x_2 \\ \vdots \\ x_n \end{pmatrix}$，$\boldsymbol{y} = \begin{pmatrix} y_1 \\ y_2 \\ \vdots \\ y_n \end{pmatrix}$ で表されるとする．このとき，$\boldsymbol{x}+\boldsymbol{y} = \begin{pmatrix} x_1+y_1 \\ x_2+y_2 \\ \vdots \\ x_n+y_n \end{pmatrix}$，$k\boldsymbol{x} = \begin{pmatrix} kx_1 \\ kx_2 \\ \vdots \\ kx_n \end{pmatrix}$ となることを示しなさい．

◆ 次　元

あるベクトルを表す際の基底のとり方は1通りではない．たとえば，図のベクトル $\boldsymbol{x}$ は，$\boldsymbol{a}, \boldsymbol{b}$ を基底に用いても，$\boldsymbol{c}, \boldsymbol{d}$ を基底に用いても，線形結合の形で表すことができる．

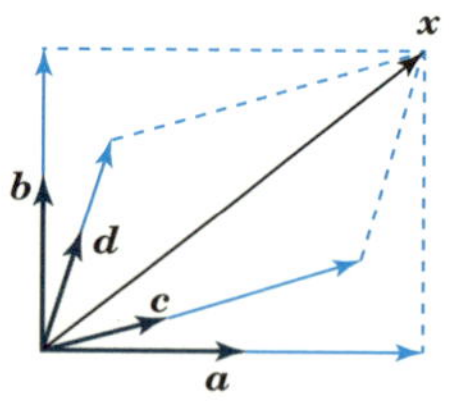

ただし，基底として成分表示に必要なベクトルの個数は，考えている線形空間によって定まっている．たとえば，p. 59 ページの ① のように，平面上のベクトル全体から成る線形空間において基底として2個のベクトルが必要であり，② のように，空間のベクトル全体から成る線形空間においては3個必要である．

このように，ある線形空間 V の任意のベクトルを表すのに基底として必要なベクトルの個数を，V の**次元**（dimension）といい，$\dim V$ で表す．たとえば，平面上のベクトル全体で構成される線形空間の次元は2であり，空間のベクトル全体から構成される線形空間の次元は3である．線形空間 V が n 次元のとき，V の要素を成分表示すると n 次列ベクトルになる．

座標の定められた平面または空間において，座標軸の正の向きと同じ向きの単位ベクトル（大きさが1のベクトル）を，$\boldsymbol{e}_1, \boldsymbol{e}_2$（および $\boldsymbol{e}_3$）で表すと，$\boldsymbol{e}_1, \boldsymbol{e}_2$（または $\boldsymbol{e}_1, \boldsymbol{e}_2, \boldsymbol{e}_3$）は基底として用いることができる．この基底を**標準基底**という．線形空間の基底としては，今後特に断らない限り，標準基底を使用し，ベクトルの成分表示も標準基底に対するものとする*.

---

* 高校では，基底として $\boldsymbol{e}_1, \boldsymbol{e}_2$（または $\boldsymbol{e}_1, \boldsymbol{e}_2, \boldsymbol{e}_3$）のみを考え，これを基本ベクトルとよんだ．

例題 11 ベクトルの線形結合・線形従属・線形独立

(1) $\boldsymbol{e}_1=\begin{pmatrix}1\\0\end{pmatrix}$を，$\boldsymbol{a}=\begin{pmatrix}3\\1\end{pmatrix}$，$\boldsymbol{b}=\begin{pmatrix}1\\4\end{pmatrix}$の線形結合で表しなさい．

(2) $\begin{pmatrix}1\\2\\3\end{pmatrix}$，$\begin{pmatrix}2\\2\\6\end{pmatrix}$，$\begin{pmatrix}1\\0\\3\end{pmatrix}$は線形従属であることを示しなさい．

(3) $\begin{pmatrix}1\\2\\3\end{pmatrix}$，$\begin{pmatrix}1\\0\\3\end{pmatrix}$は線形独立であることを示しなさい．

解 答 (1) $\boldsymbol{e}_1=x\boldsymbol{a}+y\boldsymbol{b}$ とおくと，$\begin{pmatrix}1\\0\end{pmatrix}=\begin{pmatrix}3x+y\\x+4y\end{pmatrix}$より，

$$\begin{cases}1 = 3x+y\\0 = x+4y\end{cases}$$

これを解いて，$x=\frac{4}{11}$，$y=-\frac{1}{11}$．ゆえに，$\boldsymbol{e}_1=\frac{4}{11}\boldsymbol{a}-\frac{1}{11}\boldsymbol{b}$

(2)
$$\begin{pmatrix}1\\2\\3\end{pmatrix}=\begin{pmatrix}2\\2\\6\end{pmatrix}-\begin{pmatrix}1\\0\\3\end{pmatrix}=1\begin{pmatrix}2\\2\\6\end{pmatrix}+(-1)\begin{pmatrix}1\\0\\3\end{pmatrix}$$ ❶

より，$\begin{pmatrix}1\\2\\3\end{pmatrix}$は$\begin{pmatrix}2\\2\\6\end{pmatrix}$，$\begin{pmatrix}1\\0\\3\end{pmatrix}$の線形結合で表されるから，線形従属である．

(3) 例題 10 の結果を用いると，

$$x\begin{pmatrix}1\\2\\3\end{pmatrix}+y\begin{pmatrix}1\\0\\3\end{pmatrix}=\begin{pmatrix}0\\0\\0\end{pmatrix}\implies x=y=0$$

を示せばよい．

$x\begin{pmatrix}1\\2\\3\end{pmatrix}+y\begin{pmatrix}1\\0\\3\end{pmatrix}=\begin{pmatrix}0\\0\\0\end{pmatrix}$のとき，$\begin{cases}x+y=0\\2x=0\\3x+3y=0\end{cases}$ だから，これを解くと $x=y=0$

となる．ゆえに，$\implies$ が成り立つ．

例題 11 の(2)で，❶ は $\begin{pmatrix}2\\2\\6\end{pmatrix}=\begin{pmatrix}1\\2\\3\end{pmatrix}+\begin{pmatrix}1\\0\\3\end{pmatrix}$ とも書けるから，

$$\begin{pmatrix}2\\2\\6\end{pmatrix} \text{ は } \begin{pmatrix}1\\2\\3\end{pmatrix},\ \begin{pmatrix}1\\0\\3\end{pmatrix} \text{ の線形結合で表される}$$

と考えてもよい．

【問 3・6】 $\boldsymbol{a}, \boldsymbol{b}$ が線形独立なとき，$m\boldsymbol{a}+n\boldsymbol{b}$，$\boldsymbol{b}$ も線形独立であることを示しなさい．ただし，$m \neq 0$ とする．

一般に，線形空間 V の次元が n のとき，$\boldsymbol{e}_1=\begin{pmatrix}1\\0\\\vdots\\0\end{pmatrix}$，$\boldsymbol{e}_2=\begin{pmatrix}0\\1\\\vdots\\0\end{pmatrix}$，…，$\boldsymbol{e}_n=\begin{pmatrix}0\\0\\\vdots\\1\end{pmatrix}$ は線形独立であり，V の任意のベクトルは $\boldsymbol{e}_1, \boldsymbol{e}_2, \cdots, \boldsymbol{e}_n$ の線形結合で表すことができる．このとき $\boldsymbol{e}_1, \boldsymbol{e}_2, \cdots, \boldsymbol{e}_n$ を **V の標準基底** という．

以上のように，線形空間，ベクトル，基底，次元などの概念は，平面や空間，有向線分といった幾何学的実体を離れた数学的対象にまで拡張することができる．

【問 3・7】 $\boldsymbol{e}_1, \boldsymbol{e}_2, \cdots, \boldsymbol{e}_n$ が線形独立であることを示しなさい．

◆ 階数の意味

ここで，§1・2・1 で学んだ階数の意味について振返ってみよう．階数とは，任意の $m \times n$ 型行列に対して，適当な基本変形を施して得られる標準形．

$$F_{m,n}(r) = \left(\begin{array}{ccc|ccc} \multicolumn{3}{c}{\overbrace{\hphantom{1\ \ddots\ 1}}^{r\text{ 個}}} & \multicolumn{3}{c}{\overbrace{\hphantom{0\ \ddots\ 0}}^{n-r\text{ 個}}} \\ 1 & & & & & \\ & \ddots & & & O & \\ & & 1 & & & \\ & & & 0 & & \\ & O & & & \ddots & \\ & & & & & 0 \end{array}\right)$$

の対角成分中の 1 の個数であった．

いま，行列 $F_{m,n}(r)$ を構成する列ベクトルに注目すると，第 1 列から第 r 列まではおのおの $\boldsymbol{e}_1, \boldsymbol{e}_2, \cdots, \boldsymbol{e}_r$ に相当し，問 3・7 の結果から線形独立である．一方，残りの $n-r$ 個の列ベクトルはすべて零ベクトルであるが，$\boldsymbol{o}$ は任意のベクトルの線形

結合で表されるので，結局 n 個の列ベクトルのうち，線形独立なベクトルの個数は r となる．すなわち，

行列の階数は，標準形 $F_{m,n}(r)$ の列ベクトルのうち，線形独立なものの個数に等しい．

ある行列を標準形へ導く基本変形の過程を，ベクトルの立場から眺めると，行ベクトルどうし，または列ベクトルどうしの線形結合を求めていることがわかる．たとえば，"ある列 $\boldsymbol{a}$ を m 倍した後，別の列 $\boldsymbol{b}$ の n 倍を加える" という変形は，列の組 $\boldsymbol{a}, \boldsymbol{b}$ を $m\boldsymbol{a}+n\boldsymbol{b}$，$\boldsymbol{b}$ に置き換える操作に他ならない．問 3・6 より，こうした置き換えの前後で，線形独立なベクトルの個数は変わらないから，結局つぎのことがいえる*．

階数の意味

行列の階数は，行列を構成する列ベクトルのうち線形独立なものの個数に等しい．

例題 12　線形独立性と階数

ベクトルの線形独立性を用いて，つぎの行列の階数を求めなさい．

(1) $\begin{pmatrix} 1 & 2 & 1 \\ 2 & 2 & 0 \\ 3 & 6 & 3 \end{pmatrix}$　　(2) $\begin{pmatrix} 1 & 2 & 1 \\ 2 & 4 & 0 \\ 3 & 6 & 3 \end{pmatrix}$

解　答　(1) 例題 11 の (3) より，$\begin{pmatrix} 1 \\ 2 \\ 3 \end{pmatrix}, \begin{pmatrix} 1 \\ 0 \\ 3 \end{pmatrix}$ は線形独立である．一方，

$$\begin{pmatrix} 2 \\ 2 \\ 6 \end{pmatrix} = \begin{pmatrix} 1 \\ 2 \\ 3 \end{pmatrix} + \begin{pmatrix} 1 \\ 0 \\ 3 \end{pmatrix} \quad ❶$$

より，$\begin{pmatrix} 2 \\ 2 \\ 6 \end{pmatrix}$ は他のベクトルの線形結合で表されるから，$\begin{pmatrix} 1 \\ 2 \\ 3 \end{pmatrix}, \begin{pmatrix} 2 \\ 2 \\ 6 \end{pmatrix}, \begin{pmatrix} 1 \\ 0 \\ 3 \end{pmatrix}$ のうち線形独立なベクトルは 2 個である．

ゆえに，$\mathrm{rank}\begin{pmatrix} 1 & 2 & 1 \\ 2 & 2 & 0 \\ 3 & 6 & 3 \end{pmatrix} = 2$

＊　行に関する変形を考慮していないが，基本的な考え方は変わらない．

(2) (1)と同様に，$\begin{pmatrix}1\\2\\3\end{pmatrix}$, $\begin{pmatrix}1\\0\\3\end{pmatrix}$は線形独立であり，

$$\begin{pmatrix}2\\4\\6\end{pmatrix} = 2\begin{pmatrix}1\\2\\3\end{pmatrix} = 2\begin{pmatrix}1\\2\\3\end{pmatrix} + 0\begin{pmatrix}1\\0\\3\end{pmatrix}$$

より，$\begin{pmatrix}2\\4\\6\end{pmatrix}$は他のベクトルの線形結合で表されるから，$\begin{pmatrix}1\\2\\3\end{pmatrix}$, $\begin{pmatrix}2\\4\\6\end{pmatrix}$, $\begin{pmatrix}1\\0\\3\end{pmatrix}$のうち線形独立なベクトルは2個である．

ゆえに，$\mathrm{rank}\begin{pmatrix}1 & 2 & 1\\2 & 4 & 0\\3 & 6 & 3\end{pmatrix} = 2$

例題12の(1)で，❶は$\begin{pmatrix}1\\2\\3\end{pmatrix} = \begin{pmatrix}2\\2\\6\end{pmatrix} - \begin{pmatrix}1\\0\\3\end{pmatrix}$とも書けるから，

$\begin{pmatrix}2\\2\\6\end{pmatrix}$, $\begin{pmatrix}1\\0\\3\end{pmatrix}$が線形独立で，$\begin{pmatrix}1\\2\\3\end{pmatrix}$はこれらのベクトルの線形結合で表される

と考えることもできる．ただし，どのベクトルを線形独立とみなすかに関係なく，$\begin{pmatrix}1\\2\\3\end{pmatrix}$, $\begin{pmatrix}2\\2\\6\end{pmatrix}$, $\begin{pmatrix}1\\0\\3\end{pmatrix}$の中で線形独立なものの個数は定まっている．

3・1・2 線形写像と線形変換

◆ 関数と写像

二つの変数x, yに対し，xの値を定めると，それに対応してyの値がただ一つ定まるとき，“yはxの**関数**である”というのであった．いまxやyが数以外の場合は，関数の代わりに**写像**（mapping）という言葉を用いる*．

一般に，二つの集合X, Yがあって，Xの各要素に対して，Yの要素をただ一つだけ定める規則を，“XからYへの写像”といい，fなどの記号で表す．Xの要素xに

* 関数は写像の特別な場合である．

対し，fにより定まるYの要素を$f(x)$で表し，“xのfによる**像**（image）”という．

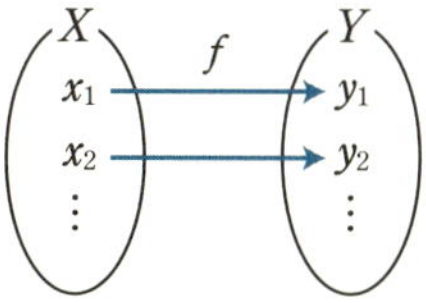

また，集合Xをfの**定義域**（domain），像全体の集合 $\{f(x) \mid x \in X\}$ をfの**値域**（range）という．明らかに，値域はYの部分集合である*．

$X=Y$のときの写像を，特に**変換**（transformation）という．§2・1・1で学んだ置換は，$X=Y=\{1, 2, \cdots, n\}$の場合の変換である．

◆ 線形写像と線形変換

この項では，XやYが線形空間，その要素がベクトルである場合の写像について考えよう．

いま，Xの任意の要素$\boldsymbol{x}_1, \boldsymbol{x}_2$と任意のスカラー$k$に対し，

$$\begin{cases} f(\boldsymbol{x}_1+\boldsymbol{x}_2) = f(\boldsymbol{x}_1)+f(\boldsymbol{x}_2) & ❶ \\ f(k\boldsymbol{x}_1) = kf(\boldsymbol{x}_1) & ❷ \end{cases}$$

を満たすとき，写像fを“XからYへの**線形写像**（または**1次写像**）（linear mapping）”といい，特に$X=Y$のときのfを“X上の**線形変換**（または**1次変換**）（linear transformation）”という．

線形写像および線形変換を特徴づける性質❶，❷をまとめて**線形性**（linearity）という．線形性とは，要するに，“ベクトル$\boldsymbol{x}$が2倍, 3倍, …になると，それに応じてベクトル$\boldsymbol{y}=f(\boldsymbol{x})$も2倍, 3倍, …になる”という性質であり，線形写像（または線形変換）とはベクトルどうしの“正比例”に相当する．実数x, yについてyがxの正比例関数であることは，

$$y = ax$$

で表され，aを比例定数というのであった．同様に，ベクトル$\boldsymbol{x}, \boldsymbol{y}$について$\boldsymbol{y}$が$\boldsymbol{x}$の線形写像（または線形変換）による像であることを，形式的に

$$\boldsymbol{y} = A\boldsymbol{x}$$

と表すと，Aは§1・1で学習した行列になる．

---

*　特別な場合として，値域とYが一致することもある．

2次元線形空間 X 上の線形変換 f について，このことを確かめよう．X に基底を定めると，$\boldsymbol{x}=\begin{pmatrix} x \\ y \end{pmatrix}$，$\boldsymbol{y}=\begin{pmatrix} x' \\ y' \end{pmatrix}$ と成分表示することができる．いま，ベクトル $\begin{pmatrix} 1 \\ 0 \end{pmatrix}$ の f による像を $\begin{pmatrix} a \\ c \end{pmatrix}$，ベクトル $\begin{pmatrix} 0 \\ 1 \end{pmatrix}$ の f による像を $\begin{pmatrix} b \\ d \end{pmatrix}$ とし，これを

$$\begin{pmatrix} 1 \\ 0 \end{pmatrix} \xrightarrow{\quad f \quad} \begin{pmatrix} a \\ c \end{pmatrix}, \qquad \begin{pmatrix} 0 \\ 1 \end{pmatrix} \xrightarrow{\quad f \quad} \begin{pmatrix} b \\ d \end{pmatrix}$$

のように表す．このとき，線形性の ❷ より，

$$\begin{pmatrix} x \\ 0 \end{pmatrix} = x\begin{pmatrix} 1 \\ 0 \end{pmatrix} \xrightarrow{\quad f \quad} x\begin{pmatrix} a \\ c \end{pmatrix}, \qquad \begin{pmatrix} 0 \\ y \end{pmatrix} = y\begin{pmatrix} 0 \\ 1 \end{pmatrix} \xrightarrow{\quad f \quad} y\begin{pmatrix} b \\ d \end{pmatrix}$$

が成り立ち．さらに，線形性の ❶ より，

$$\begin{pmatrix} x \\ y \end{pmatrix} = \begin{pmatrix} x \\ 0 \end{pmatrix} + \begin{pmatrix} 0 \\ y \end{pmatrix} \xrightarrow{\quad f \quad} x\begin{pmatrix} a \\ c \end{pmatrix} + y\begin{pmatrix} b \\ d \end{pmatrix}$$

となる．$\begin{pmatrix} x \\ y \end{pmatrix}$ の f による像は $\begin{pmatrix} x' \\ y' \end{pmatrix}$ であるから，結局

$$\begin{pmatrix} x' \\ y' \end{pmatrix} = x\begin{pmatrix} a \\ c \end{pmatrix} + y\begin{pmatrix} b \\ d \end{pmatrix} = \begin{pmatrix} ax+by \\ cx+dy \end{pmatrix}$$

が成り立つ．これは，$A=\begin{pmatrix} a & b \\ c & d \end{pmatrix}$ としたときの $\boldsymbol{y}=A\boldsymbol{x}$ に他ならない．

一般に，X が n 次元，Y が m 次元の線形空間の場合も，同様に確かめられ，A は $m\times n$ 型行列になる．

線形写像（線形変換）と行列

> n 次ベクトル $\boldsymbol{x}$ と m 次ベクトル $\boldsymbol{y}$ に対し，線形写像は，
> $$\boldsymbol{y} = A\boldsymbol{x}$$
> で表され，A は $m\times n$ 型行列である．特に線形変換の場合，A は正方行列になる．

◆ 線形変換の特徴

2次元線形空間 X 上の線形変換 f について，具体的な特徴をとらえてみよう．

いま，f を表す行列を $A=\begin{pmatrix} a & b \\ c & d \end{pmatrix}$，$X$ の標準基底を $\boldsymbol{e}_1, \boldsymbol{e}_2$ とすると，$\boldsymbol{e}_1=\begin{pmatrix} 1 \\ 0 \end{pmatrix}$，

$e_2 = \begin{pmatrix} 0 \\ 1 \end{pmatrix}$で,

$$A\boldsymbol{e}_1 = A\begin{pmatrix} 1 \\ 0 \end{pmatrix} = \begin{pmatrix} a \\ c \end{pmatrix}, \quad A\boldsymbol{e}_2 = A\begin{pmatrix} 0 \\ 1 \end{pmatrix} = \begin{pmatrix} b \\ d \end{pmatrix}$$

より，標準基底の像は，Aの各列ベクトルに等しい．また，Xの任意のベクトル$\boldsymbol{x} = \begin{pmatrix} x \\ y \end{pmatrix}$は，$\boldsymbol{e}_1, \boldsymbol{e}_2$を基底として，

$$\begin{pmatrix} x \\ y \end{pmatrix} = x\boldsymbol{e}_1 + y\boldsymbol{e}_2 = x\begin{pmatrix} 1 \\ 0 \end{pmatrix} + y\begin{pmatrix} 0 \\ 1 \end{pmatrix} \qquad ❸$$

と表せるから，fの線形性より，

$$A\boldsymbol{x} = A\begin{pmatrix} x \\ y \end{pmatrix} = xA\begin{pmatrix} 1 \\ 0 \end{pmatrix} + yA\begin{pmatrix} 0 \\ 1 \end{pmatrix} = x\begin{pmatrix} a \\ c \end{pmatrix} + y\begin{pmatrix} b \\ d \end{pmatrix} \qquad ❹$$

❸と❹を見比べると，線形変換fにより，標準基底$\begin{pmatrix} 1 \\ 0 \end{pmatrix}, \begin{pmatrix} 0 \\ 1 \end{pmatrix}$により構成されるベクトルが，基底$\begin{pmatrix} a \\ c \end{pmatrix}, \begin{pmatrix} b \\ d \end{pmatrix}$により構成されるベクトルに移ると考えることができる．

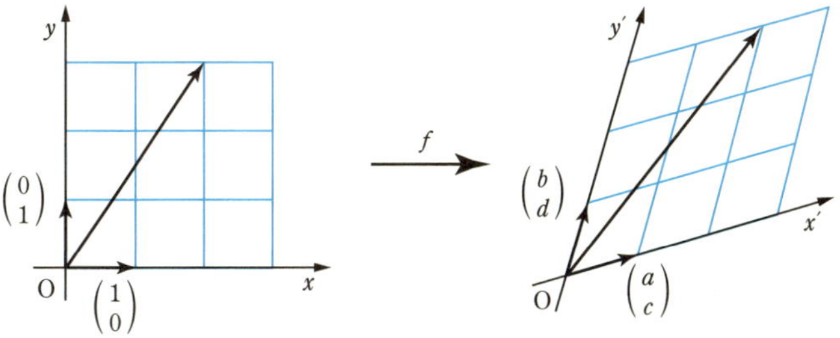

なお，$A\boldsymbol{o} = \boldsymbol{o}$より，零ベクトルの像は零ベクトルだから，線形変換$f$の特徴はつぎのようになる．

線形変換の特徴

① 標準基底の像は，線形変換を表す行列の列ベクトルである．
② 任意のベクトルの像は，標準基底の像を新たな基底とするベクトルである．
③ 零ベクトルの像は，零ベクトルである．

【問 3・8】 線形性を利用して，$A\begin{pmatrix} 2 \\ -1 \end{pmatrix} = \begin{pmatrix} 5 \\ 0 \end{pmatrix}$，$A\begin{pmatrix} -1 \\ 1 \end{pmatrix} = \begin{pmatrix} -2 \\ 1 \end{pmatrix}$のときの行列$A$を求めなさい．

座標の定められた平面において，原点を始点とするベクトルを**位置ベクトル**という．このとき座標平面上の点と，この点を終点とする位置ベクトルは1対1にもれなく対応するから，2次元線形空間上の線形変換は，座標平面上の点の移動ととらえることができる．線形変換の特徴を，点の移動という立場から表現すると，つぎのようになる．

① 点$(1,0)$は点(a,c)に，点$(0,1)$は点(b,d)に移る．

② 任意の点は，$\begin{pmatrix} a \\ c \end{pmatrix}$を新しい$x'$軸の基本ベクトル，$\begin{pmatrix} b \\ d \end{pmatrix}$を新しい$y'$軸の基本ベクトルとする座標平面上の点に移る．

③ 原点はfによって動かない．

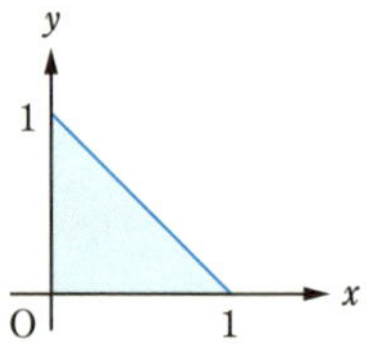

【問 3・9】 右の三角形の内部の点は，$A=\begin{pmatrix} 3 & 1 \\ 1 & 4 \end{pmatrix}$で表される線形変換によって，どのような点に移されるか．

【問 3・10】 $A=\begin{pmatrix} 2 & 4 \\ 1 & 2 \end{pmatrix}$は正則でない．このとき，$A$で表される線形変換によって，座標平面上のすべての点は，どのような領域に移されるか．

例題 13　**回転移動を表す行列**

座標平面上の任意の点を，原点のまわりに角θだけ回転する移動は，線形変換といえるか．もしいえるならば，線形変換を表す行列を求めなさい．

解 答　この移動により，点$(1,0)$は点$(\cos\theta,\sin\theta)$に移り，点$(0,1)$は点$(-\sin\theta,\cos\theta)$に移る．

また任意の点は$\begin{pmatrix} \cos\theta \\ \sin\theta \end{pmatrix}$，$\begin{pmatrix} -\sin\theta \\ \cos\theta \end{pmatrix}$を新しい座標軸の基本ベクトルとする座標平面上の点に移る．

さらに，原点は移動しない．

ゆえに，この移動は線形変換であり，線形変換を表す行列をAとすると，

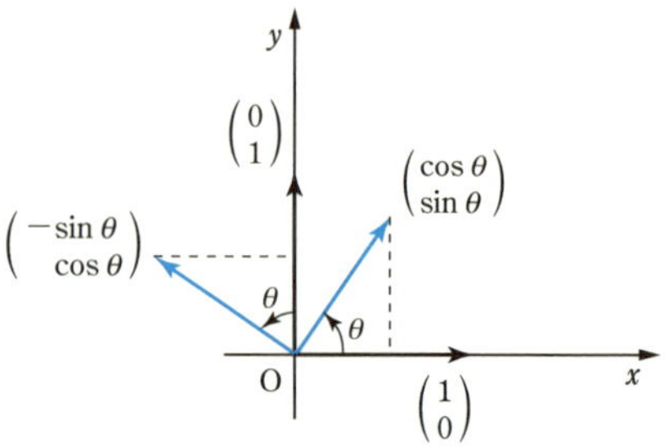

$$A\begin{pmatrix}1\\0\end{pmatrix}=\begin{pmatrix}\cos\theta\\ \sin\theta\end{pmatrix},\qquad A\begin{pmatrix}0\\1\end{pmatrix}=\begin{pmatrix}-\sin\theta\\ \cos\theta\end{pmatrix}$$

より，$A=\begin{pmatrix}\cos\theta & -\sin\theta\\ \sin\theta & \cos\theta\end{pmatrix}$となる．

以上のような線形変換の特徴は，X が一般の線形空間の場合や，線形写像でも，同様にとらえることができる．

◆ 行列式と線形変換

第２章で学んだ行列式も，線形変換を特徴づけるパラメーターの一つである．いま，$A=\begin{pmatrix}a & b\\ c & d\end{pmatrix}$で表される２次元線形空間上の線形変換は，図のように，正方形の格子状に並んだ点を，平行四辺形の格子状に並んだ点に移す．

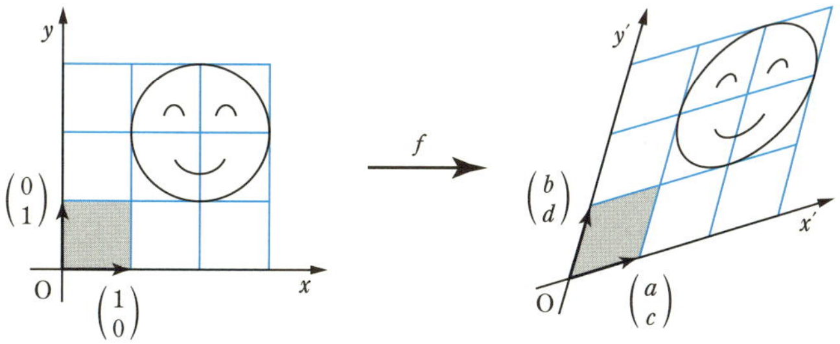

このとき，左図の で表した単位正方形は，$\begin{pmatrix}a\\c\end{pmatrix}$, $\begin{pmatrix}b\\d\end{pmatrix}$を１辺とする右図の単位平行四辺形に移される．単位正方形の面積は１で，単位平行四辺形の面積は $|A|=ad-bc$ に等しい*．任意の図形の面積は，その図形に含まれる単位正方形（または単位平行四辺形）の数によって決まるから，以下のことが成り立つ．

線形変換と行列式

$|A|$ は，A で表される線形変換による図形の面積の拡大率を表す．

---

*　高校で学習した通り，正確には $|ad-bc|$ なので，“符号つき面積”とよぶ方が正しい．

3次元線形空間の場合は，単位立方体が単位平行六面体に移る，と考えればよい．このとき行列式は，任意の図形の体積の拡大率を表す．

n次元線形空間上の線形変換の場合も，“体積”の概念を一般化すれば，同様の視点でとらえられる．

3・2 基底の取りかえと固有ベクトル

3・2・1 基底の取りかえ

◆ 基底の取りかえ

§3・1・1で学習したように，線形空間上の任意のベクトルは，基底を定めることにより，成分表示することができる．ここでは，基底を取りかえたとき，あるベクトルの成分がどのように変化するかを考えてみよう．

2次元線形空間上のベクトルを$\boldsymbol{x}$とし，標準基底$\boldsymbol{e}_1, \boldsymbol{e}_2$による$\boldsymbol{x}$の成分表示を$\begin{pmatrix} x \\ y \end{pmatrix}$とすると，

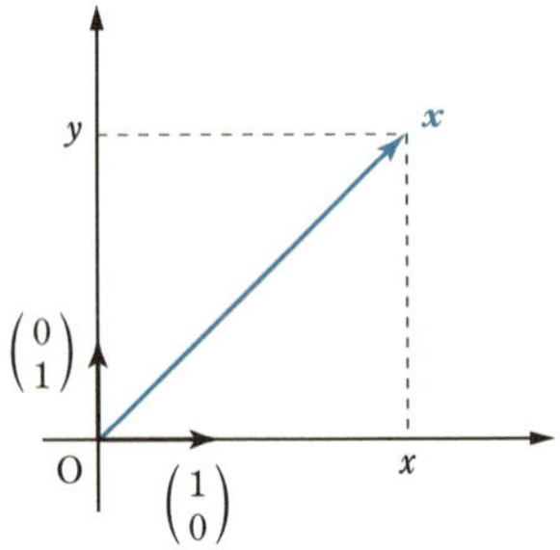

$$\boldsymbol{x} = x\boldsymbol{e}_1 + y\boldsymbol{e}_2 = x\begin{pmatrix} 1 \\ 0 \end{pmatrix} + y\begin{pmatrix} 0 \\ 1 \end{pmatrix} \quad ❶$$

一方，基底を$\begin{pmatrix} p \\ r \end{pmatrix}, \begin{pmatrix} q \\ s \end{pmatrix}$に取りかえたときの$\boldsymbol{x}$の成分表示を$\begin{pmatrix} x' \\ y' \end{pmatrix}$とすると，同様にして，

$$\boldsymbol{x} = x'\begin{pmatrix} p \\ r \end{pmatrix} + y'\begin{pmatrix} q \\ s \end{pmatrix} \quad ❷$$

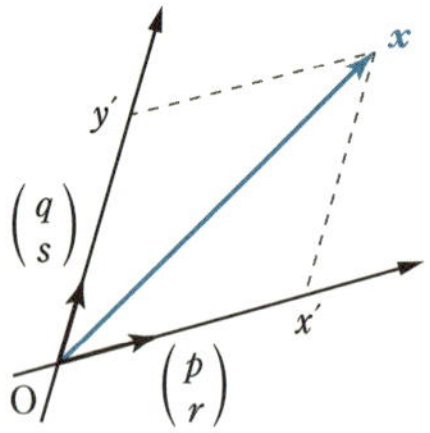

が成り立つ．❶，❷より，

$$\begin{pmatrix} x \\ y \end{pmatrix} = \begin{pmatrix} px'+qy' \\ rx'+sy' \end{pmatrix} = \begin{pmatrix} p & q \\ r & s \end{pmatrix}\begin{pmatrix} x' \\ y' \end{pmatrix}$$

$P = \begin{pmatrix} p & q \\ r & s \end{pmatrix}$とすると，結局

$$\begin{pmatrix} x \\ y \end{pmatrix} = P\begin{pmatrix} x' \\ y' \end{pmatrix} \quad ❸$$

が成り立つ．このとき，行列Pを**基底の取りかえ行列**という．

基底として用いる$\begin{pmatrix} p \\ r \end{pmatrix}$，$\begin{pmatrix} q \\ s \end{pmatrix}$は線形独立なので，rank $P = 2$．したがって，Pは逆行列が存在することから，❸はつぎのようにも表せる．

$$\begin{pmatrix} x' \\ y' \end{pmatrix} = P^{-1}\begin{pmatrix} x \\ y \end{pmatrix} \quad ❹$$

線形変換と基底の取りかえについてまとめると，

① 行列Aで表される線形変換により，ベクトル$\begin{pmatrix} x \\ y \end{pmatrix}$がベクトル$\begin{pmatrix} x' \\ y' \end{pmatrix}$に移るとき，$\begin{pmatrix} x' \\ y' \end{pmatrix} = A\begin{pmatrix} x \\ y \end{pmatrix}$が成り立つ．

② あるベクトルを，標準基底で表すと$\begin{pmatrix} x \\ y \end{pmatrix}$，行列$P$の列ベクトルを基底として表すと$\begin{pmatrix} x' \\ y' \end{pmatrix}$のとき，$\begin{pmatrix} x \\ y \end{pmatrix} = P\begin{pmatrix} x' \\ y' \end{pmatrix}$が成り立つ．

❹と，線形変換のときの関係式$\begin{pmatrix} x' \\ y' \end{pmatrix} = A\begin{pmatrix} x \\ y \end{pmatrix}$を見比べると，基底の取りかえは，見かけ上，$P^{-1}$で表される線形変換と同じはたらきをすることがわかる．たとえば，標準基底から，基底$\begin{pmatrix} \cos\theta \\ \sin\theta \end{pmatrix}$，$\begin{pmatrix} -\sin\theta \\ \cos\theta \end{pmatrix}$に取りかえることは，$\begin{pmatrix} \cos\theta \\ \sin\theta \end{pmatrix}$を新しい$x'$軸の基本ベクトル，$\begin{pmatrix} -\sin\theta \\ \cos\theta \end{pmatrix}$を新しい$y'$軸の基本ベクトルとする座標に読みかえることを意味する（座標軸の回転）．

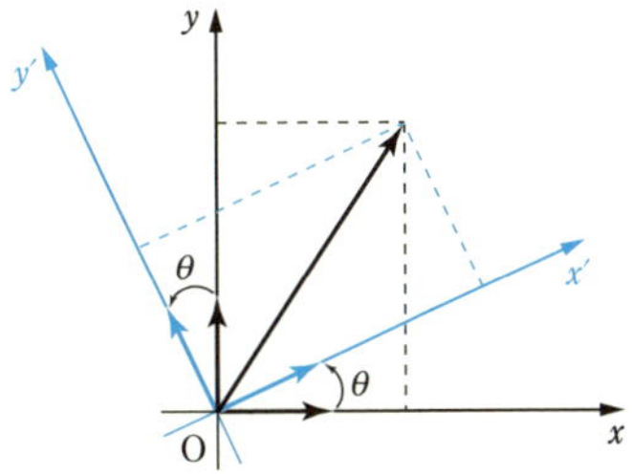

このとき，基底の取りかえ行列$P = \begin{pmatrix} \cos\theta & -\sin\theta \\ \sin\theta & \cos\theta \end{pmatrix}$に対し，

$$P^{-1} = \begin{pmatrix} \cos\theta & \sin\theta \\ -\sin\theta & \cos\theta \end{pmatrix} = \begin{pmatrix} \cos(-\theta) & -\sin(-\theta) \\ \sin(-\theta) & \cos(-\theta) \end{pmatrix}$$

は，例題13で取上げた“原点のまわりの角$-\theta$の回転移動”を表す行列に等しい．

すなわち，座標軸を原点のまわりに角 θ だけ回転することと，座標平面上のすべての点を原点のまわりに角 $-\theta$ だけ回転することは，等価である．

基底の取りかえ行列は，3 次元以上の線形空間においても，同様に定義される．

◆ 線形変換の行列表現

これまでに学習した線形変換と，基底の取りかえを，同時に考慮してみよう．いま，2 次元線形空間上で，ベクトル $\boldsymbol{x}$ がベクトル $\boldsymbol{y}$ に移る線形変換 f を考える．標準基底を用いると $\boldsymbol{x}=\begin{pmatrix} x \\ y \end{pmatrix}$，$\boldsymbol{y}=\begin{pmatrix} z \\ w \end{pmatrix}$，基底 $\begin{pmatrix} p \\ r \end{pmatrix}$，$\begin{pmatrix} q \\ s \end{pmatrix}$ を用いると $\boldsymbol{x}=\begin{pmatrix} x' \\ y' \end{pmatrix}$，$\boldsymbol{y}=\begin{pmatrix} z' \\ w' \end{pmatrix}$ と表されるとする．

線形変換 f を標準基底で表したときの行列を A とすると，

$$\begin{pmatrix} z \\ w \end{pmatrix} = A\begin{pmatrix} x \\ y \end{pmatrix} \qquad ❺$$

また基底の取りかえ行列は $P=\begin{pmatrix} p & q \\ r & s \end{pmatrix}$ だから，

$$\begin{pmatrix} x \\ y \end{pmatrix} = P\begin{pmatrix} x' \\ y' \end{pmatrix}, \qquad \begin{pmatrix} z \\ w \end{pmatrix} = P\begin{pmatrix} z' \\ w' \end{pmatrix} \qquad ❻$$

❺，❻ より，

$$P\begin{pmatrix} z' \\ w' \end{pmatrix} = AP\begin{pmatrix} x' \\ y' \end{pmatrix}$$

基底の取りかえ行列は正則だから，

$$\begin{pmatrix} z' \\ w' \end{pmatrix} = P^{-1}AP\begin{pmatrix} x' \\ y' \end{pmatrix} \qquad ❼$$

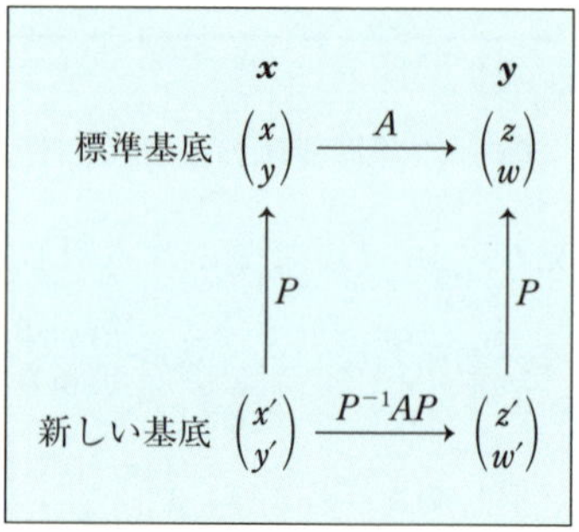

❼ は，線形変換 f を基底 $\begin{pmatrix} p \\ r \end{pmatrix}$，$\begin{pmatrix} q \\ s \end{pmatrix}$ で表したときの行列が $P^{-1}AP$ であることを示している．

線形変換の基底依存性

> 標準基底で行列 A で表される線形変換は，行列 P により基底を取りかえると，行列 $P^{-1}AP$ で表される．

言い換えると，標準基底を基本ベクトルとする座標平面上の行列 A による線形変換は，P の列ベクトルを基本ベクトルとする座標平面上では，行列 $P^{-1}AP$ による線形変換として見える．これは，3次元以上の線形空間においても同様である*．

基底を取りかえることは，座標軸を取りかえることに相当する．では，どのような基底に取りかえれば，新しい座標系で眺めた線形変換を表す行列 $P^{-1}AP$ が簡単になるだろうか．その答えが，§3・2・2で学ぶ固有ベクトルである．

3・2・2　固有値と固有ベクトル

◆ 固有値と固有ベクトル

n 次正方行列 A に対し，

$$A\boldsymbol{x} = \lambda\boldsymbol{x} \quad \text{かつ} \quad \boldsymbol{x} \neq \boldsymbol{o} \qquad ❶$$

を満たすスカラー λ（ラムダ）と n 次ベクトル $\boldsymbol{x}$ が存在するとき，λ を A の**固有値** (eigenvalue)，$\boldsymbol{x}$ を A の**固有ベクトル**（eigenvector）という．いま，$\lambda\boldsymbol{x} = \lambda E\boldsymbol{x}$ だから，❶は

$$(\lambda E - A)\boldsymbol{x} = \boldsymbol{o} \quad \text{かつ} \quad \boldsymbol{x} \neq \boldsymbol{o} \qquad ❷$$

と変形できる．もし $\lambda E - A$ が正則ならば，❷の両辺の左から $(\lambda E - A)^{-1}$ を掛けると，

$$\boldsymbol{x} = \boldsymbol{o} \quad \text{かつ} \quad \boldsymbol{x} \neq \boldsymbol{o}$$

となるから矛盾．したがって，$\lambda E - A$ は正則でない．すると，行列の正則条件 (p. 50) より，

$$|\lambda E - A| = 0 \qquad ❸$$

が成り立つ．❸の左辺は，λ に関する n 次多項式で，A の**固有多項式** (characteristic polynomial) といい，$\Phi_A(\lambda)$（ファイ）で表す．また❸は，λ に関する n 次方程式となり，A の**固有方程式**（characteristic equation）という．

> **例 3・1**　$A = \begin{pmatrix} a & b \\ c & d \end{pmatrix}$ のとき，A の固有多項式 $\Phi_A(\lambda)$ は，
>
> $$|\lambda E - A| = \begin{vmatrix} \lambda - a & -b \\ -c & \lambda - d \end{vmatrix} = (\lambda - a)(\lambda - d) - bc = \lambda^2 - (a+d)\lambda + (ad - bc)$$
>
> だから，A の固有値は，固有方程式
>
> $$\lambda^2 - (a+d)\lambda + (ad - bc) = 0$$
>
> の解である．

* 座標平面を座標空間に読みかえればよい．

例題 14　**固有値と固有ベクトルの計算**

行列 $A=\begin{pmatrix}0 & 2\\ 3 & -1\end{pmatrix}$ の固有値と固有ベクトルを求めなさい．ただし，スカラーは実数とする．

解 答　A の固有方程式は，

$$|\lambda E-A| = \begin{vmatrix}\lambda & -2\\ -3 & \lambda+1\end{vmatrix} = \lambda(\lambda+1)-6 = (\lambda-2)(\lambda+3)$$

だから，A の固有値は，固有方程式の実数解として，$\lambda=2, -3$

$\lambda=2$ に属する固有ベクトルを $\boldsymbol{x}_1=\begin{pmatrix}x\\ y\end{pmatrix}$ とすると，$A\boldsymbol{x}_1=2\boldsymbol{x}_1$ より，

$$\begin{pmatrix}0 & 2\\ 3 & -1\end{pmatrix}\begin{pmatrix}x\\ y\end{pmatrix} = 2\begin{pmatrix}x\\ y\end{pmatrix},\ すなわち,\ \begin{cases}2y=2x\\ 3x-y=2y\end{cases}$$

だから，$y=x$ となる．これを満たす x, y として，$x=1, y=1$ とすると，

$$\boldsymbol{x}_1 = \begin{pmatrix}x\\ y\end{pmatrix} = \begin{pmatrix}1\\ 1\end{pmatrix}$$

同様に，$\lambda=-3$ に属する固有ベクトルを $\boldsymbol{x}_2$ とすると，$A\boldsymbol{x}_2=-3\boldsymbol{x}_2$ より，固有ベクトルの一つとして $\boldsymbol{x}_2=\begin{pmatrix}2\\ -3\end{pmatrix}$ を得る．

一般に，$A\boldsymbol{x}=\lambda\boldsymbol{x}$ のとき $A(k\boldsymbol{x})=\lambda(k\boldsymbol{x})$ だから，$\boldsymbol{x}$ が A の固有ベクトルのとき，$k\boldsymbol{x}$ も同じ固有値に属する固有ベクトルになる．したがって，固有ベクトルとしては，平行なベクトルのうち，どれか一つを求めればよい．たとえば，例題14では，$\boldsymbol{x}_1=\begin{pmatrix}2\\ 2\end{pmatrix}$ や $\boldsymbol{x}_2=\begin{pmatrix}-2\\ 3\end{pmatrix}$ なども固有ベクトルである．

◆ 固有ベクトルによる行列の対角化

2次正方行列 A の固有値を λ_1, λ_2（ただし $\lambda_1 \neq \lambda_2$），固有ベクトルを $\boldsymbol{x}_1, \boldsymbol{x}_2$ とすると，

$$A\boldsymbol{x}_1 = \lambda_1\boldsymbol{x}_1, \quad A\boldsymbol{x}_2 = \lambda_2\boldsymbol{x}_2 \qquad ❹$$

が成り立つ．標準基底に対する成分表示が $\boldsymbol{x}_1=\begin{pmatrix}p\\ r\end{pmatrix}$，$\boldsymbol{x}_2=\begin{pmatrix}q\\ s\end{pmatrix}$ とすると，❹ は

まとめて

$$A\begin{pmatrix} p & q \\ r & s \end{pmatrix} = \begin{pmatrix} p & q \\ r & s \end{pmatrix}\begin{pmatrix} \lambda_1 & 0 \\ 0 & \lambda_2 \end{pmatrix} \quad ❺$$

と表せる．一般に，

異なる固有値に属する固有ベクトルは線形独立

が成り立つので，$\boldsymbol{x}_1$ と $\boldsymbol{x}_2$ は線形独立，すなわち $P=\begin{pmatrix} p & q \\ r & s \end{pmatrix}$ は正則である．したがって，❺は

$$P^{-1}AP = \begin{pmatrix} \lambda_1 & 0 \\ 0 & \lambda_2 \end{pmatrix} \quad ❻$$

と変形できる．

❻より，標準基底で行列 A で表される線形変換は，基底を固有ベクトル $\boldsymbol{x}_1, \boldsymbol{x}_2$ に取りかえると，対角行列 $\begin{pmatrix} \lambda_1 & 0 \\ 0 & \lambda_2 \end{pmatrix}$ で表されることがわかる．$\boldsymbol{x}_1$ を基本ベクトルとして新たに x' 軸を，$\boldsymbol{x}_2$ を基本ベクトルとして新たに y' 軸をとると，行列 $\begin{pmatrix} \lambda_1 & 0 \\ 0 & \lambda_2 \end{pmatrix}$ は，任意のベクトルを，x' 軸方向に λ_1 倍，y' 軸方向に λ_2 倍に拡大する線形変換を表す．

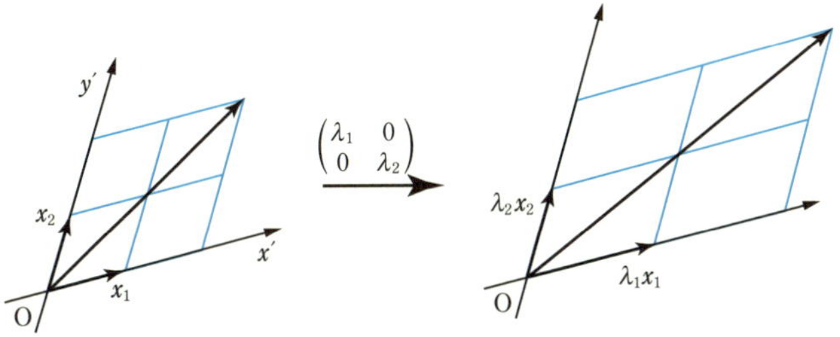

n 次正方行列の場合も，同様に考えることができる．

線形変換と固有ベクトル

線形変換は，固有ベクトル方向への拡大（または縮小）を表す．

【問 3・11】 例題 14 の行列 A を対角化しなさい．

【問 3・12】 問 3・11 の結果を用いて，A^n と $|A|$ を求めなさい．

◆ 固有方程式が重解をもつ場合

一般に，固有方程式が重解をもつとき，

m 重解の固有値に対しては，最大 m 個の固有ベクトルが存在する

ことが保証される．

例題 15 固有値が重解の場合

行列 $A=\begin{pmatrix}2&1&1\\1&2&1\\1&1&2\end{pmatrix}$ の固有値と固有ベクトルを求め，A を対角化しなさい．ただし，スカラーは実数とする．

解 答 A の固有方程式は，サラスの方法を用いて

$$|\lambda E-A|=\begin{vmatrix}\lambda-2&-1&-1\\-1&\lambda-2&-1\\-1&-1&\lambda-2\end{vmatrix}=(\lambda-1)^2(\lambda-4)$$

より，A の固有値は，固有方程式の実数解として，$\lambda=1$（2 重解），4 である．

$\lambda=1$ に属する固有ベクトルを $\boldsymbol{x}_1=\begin{pmatrix}x\\y\\z\end{pmatrix}$ とすると，$A\boldsymbol{x}_1=\boldsymbol{x}_1$ より，

$$\begin{pmatrix}2&1&1\\1&2&1\\1&1&2\end{pmatrix}\begin{pmatrix}x\\y\\z\end{pmatrix}=\begin{pmatrix}x\\y\\z\end{pmatrix} \quad \text{すなわち} \quad \begin{cases}2x+y+z=x\\x+2y+z=y\\x+y+2z=z\end{cases}$$

だから，$x+y+z=0$ となる．これを満たす x, y, z として，

$$y=0 \text{ のとき } \boldsymbol{x}_1=\begin{pmatrix}1\\0\\-1\end{pmatrix},\quad z=0 \text{ のとき } \boldsymbol{x}_1=\begin{pmatrix}1\\-1\\0\end{pmatrix}$$

を選ぶことができ，この二つのベクトルは明らかに線形独立である．

一方，$\lambda=4$ に属する固有ベクトルを $\boldsymbol{x}_2$ とすると，$A\boldsymbol{x}_2=4\boldsymbol{x}_2$ より，平行な固有ベクトルの中から，$\boldsymbol{x}_2=\begin{pmatrix}1\\1\\1\end{pmatrix}$ を得る．

したがって，$P=\begin{pmatrix} 1 & 1 & 1 \\ 0 & -1 & 1 \\ -1 & 0 & 1 \end{pmatrix}$とすると，各列ベクトルは線形独立なので，$P$は正則であり，

$$P^{-1}AP=\begin{pmatrix} 1 & 0 & 0 \\ 0 & 1 & 0 \\ 0 & 0 & 4 \end{pmatrix}$$

と表せる．

例題 15 で，行列Pの固有ベクトルの並びと，行列$P^{-1}AP$の固有値の並びは対応している．たとえば，行列Pをつくる際に，各列の固有ベクトルの並びを変えて，$P=\begin{pmatrix} 1 & 1 & 1 \\ 1 & 0 & -1 \\ 1 & -1 & 0 \end{pmatrix}$とすると，$P^{-1}AP=\begin{pmatrix} 4 & 0 & 0 \\ 0 & 1 & 0 \\ 0 & 0 & 1 \end{pmatrix}$になる．

◆ ハミルトン・ケイリーの定理

n次正方行列Aに対し，$\Phi_A(A)$は零行列に等しい．これを**ハミルトン・ケイリーの定理**という．

例 3・2　$A=\begin{pmatrix} a & b \\ c & d \end{pmatrix}$のとき，$\Phi_A(\lambda)=\lambda^2-(a+d)\lambda+(ad-bc)$だから，ハミルトン・ケイリーの定理より，

$$A^2-(a+d)A+(ad-bc)E=O$$

が成り立つ．

【問 3・13】　2 次正方行列Aに対して，ハミルトン・ケイリーの定理が成り立っていることを確かめなさい．

【問 3・14】　$A=\begin{pmatrix} 1 & 1 \\ -2 & -3 \end{pmatrix}$のとき，ハミルトン・ケイリーの定理を用いて，$A^3$を求めなさい．

線形代数とコンピューターグラフィックス

例題 13 の座標平面上の回転は，座標空間において，z 軸を回転軸とする角 θ の回転ととらえることができる．このとき，各点の z 座標は変化しないから，回転をす行列は，$\begin{pmatrix} \cos\theta & -\sin\theta & 0 \\ \sin\theta & \cos\theta & 0 \\ 0 & 0 & 1 \end{pmatrix}$ になる．同様に，原点を通る任意の直線を回転軸とする回転も，行列を用いて表すことができる．

また，p. 75 より，任意の点（または位置ベクトル）を，x 軸方向に α 倍，y 軸方向に β 倍，z 軸方向に γ 倍に拡大（または縮小）する行列は，$\begin{pmatrix} \alpha & 0 & 0 \\ 0 & \beta & 0 \\ 0 & 0 & \gamma \end{pmatrix}$ である．

一方，$\begin{pmatrix} x \\ y \\ z \end{pmatrix}$ を $\begin{pmatrix} x+\Delta x \\ y+\Delta y \\ z+\Delta z \end{pmatrix}$ に移す変換（平行移動）は，線形変換ではない．

いま，$\begin{pmatrix} x \\ y \\ z \\ w \end{pmatrix}$ を，座標空間の点 $\begin{pmatrix} \frac{x}{w} \\ \frac{y}{w} \\ \frac{z}{w} \end{pmatrix}$ の**同次座標**という，たとえば，点 $\begin{pmatrix} x \\ y \\ z \end{pmatrix}$ の同次座標は $\begin{pmatrix} x \\ y \\ z \\ 1 \end{pmatrix}$ である．同次座標を使うと，空間の点の平行移動は，$\begin{pmatrix} 1 & 0 & 0 & \Delta x \\ 0 & 1 & 0 & \Delta y \\ 0 & 0 & 1 & \Delta z \\ 0 & 0 & 0 & 1 \end{pmatrix}$ という行列で表すことができる．また，同次座標による，z 軸まわりの角 θ の回転は $\begin{pmatrix} \cos\theta & -\sin\theta & 0 & 0 \\ \sin\theta & \cos\theta & 0 & 0 \\ 0 & 0 & 1 & 0 \\ 0 & 0 & 0 & 1 \end{pmatrix}$，座標軸方向への拡大縮小は $\begin{pmatrix} \alpha & 0 & 0 & 0 \\ 0 & \beta & 0 & 0 \\ 0 & 0 & \gamma & 0 \\ 0 & 0 & 0 & 1 \end{pmatrix}$ となるから，同次座標を用いることにより，空間内の点の平行移動，回転，拡大縮小といった変換を行列によって表すことができる．コンピューター上で物体（オブジェクト）を描画する際は，各点の座標に変換行列を順次掛けていくことによって，オブジェクトを変換する．

たとえば，OpenGL は，このようなコンピューターグラフィックス（CG）を，C（p. 30 参照）によるプログラムで行うための有用なライブラリである．図は，

OpenGLで実装した生体高分子の立体構造を表示するアプリケーションである.

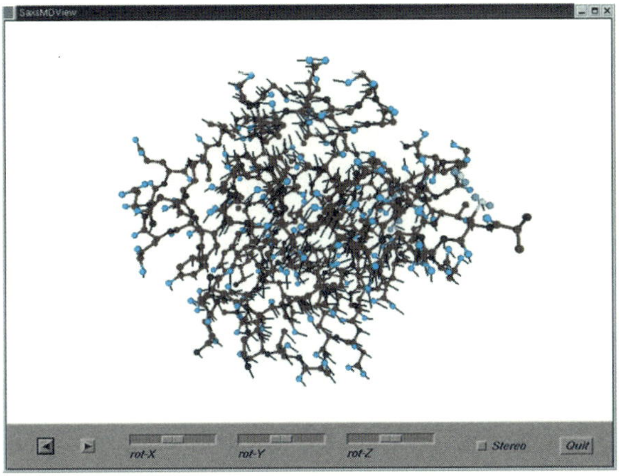

なお，同次座標や変換行列とは別に，四元数（p. 28参照）を用いても，CGを実現することができる.

関数もベクトル？ ── 線形微分方程式への誘い

問3・1と問3・4より，x の n 次式で表される関数全体の集合は，$n+1$ 次元の線形空間であることがわかる．

いま，y が x の関数のとき，微分方程式

$$y'' + ay' + by = 0 \qquad ❶$$

の任意の解 y_i, y_j に関して，$y_i''+ay_i'+by_i=0$，$y_j''+ay_j'+by_j=0$ より，

$$\begin{cases} (y_i+y_j)'' + a(y_i+y_j)' + b(y_i+y_j) = 0 \\ (ky_i)'' + a(ky_i)' + b(ky_i) = 0 \end{cases}$$

が成り立つから，y_i+y_j，ky_i も ❶ の解となる．したがって ❶ を満たす関数全体の集合は，線形空間となる．この線形空間の次元を求めてみよう．

❶ の解のうち，

$x=0$　のとき　$y=1$，$y'=0$ を満たす[*1]関数を y_1

$x=0$　のとき　$y=0$，$y'=1$ を満たす関数を y_2

とすると[*2]，y_1, y_2 は線形独立である．なぜならば，もし $k_1y_1+k_2y_2=0$ ならば，

$x=0$　のとき　$y_1=1$，$y_2=0$　より　$k_1=0$

また両辺を微分すると，$k_1y_1'+k_2y_2'=0$ が成り立つので，

$y_1'=0$，$y_2'=1$　より　$k_2=0$

となるからである．

一方，❶ の解で，初期条件が

$x=0$　のとき　$y=m$，$y'=n$

になるものは，$y=my_1+ny_2$ と表すことができる．

以上より，y_1, y_2 は基底となるので，この線形空間の次元は2である．

ゆえに，微分方程式 ❶ の一般解は，線形独立な二つの解の線形結合で表すことができる．

---

*1　このような条件を**初期条件**という．

*2　ある初期条件を満たす解がただ一つ存在することは，微分方程式の理論により保証されている．

4. 内積とその応用

内積を定義することにより，ベクトルの向きを議論できるようになる．特に二つのベクトルの直交関係は，正規直交基底や直交行列との関連で重要である．また，内積から導かれるノルムによって，ベクトルや点どうしの近隣関係（位相）が定まるが，こうした考え方は，本章で取上げた応用だけでなく，本格的な関数解析を理解する際の基礎となる．

4・1 計量線形空間

4・1・1 内積とノルム

◆ 内積の定義

この章では，ベクトルの大きさや，ベクトルどうしのなす角度について考える．高校で学習した“ベクトル $\boldsymbol{x}, \boldsymbol{y}$ の**内積**（inner product）”というのは，平面のベクトル $\boldsymbol{x} = \begin{pmatrix} x_1 \\ x_2 \end{pmatrix}$，$\boldsymbol{y} = \begin{pmatrix} y_1 \\ y_2 \end{pmatrix}$ に対して $\boldsymbol{x} \cdot \boldsymbol{y} = x_1 y_1 + x_2 y_2$，または空間のベクトル $\boldsymbol{x} = \begin{pmatrix} x_1 \\ x_2 \\ x_3 \end{pmatrix}$，$\boldsymbol{y} = \begin{pmatrix} y_1 \\ y_2 \\ y_3 \end{pmatrix}$ に対して $\boldsymbol{x} \cdot \boldsymbol{y} = x_1 y_1 + x_2 y_2 + x_3 y_3$ により定義される実数 $\boldsymbol{x} \cdot \boldsymbol{y}$ のことであった．同様に，一般の n 次列ベクトルの場合も，

$$\boldsymbol{x} = \begin{pmatrix} x_1 \\ x_2 \\ \vdots \\ x_n \end{pmatrix},\ \boldsymbol{y} = \begin{pmatrix} y_1 \\ y_2 \\ \vdots \\ y_n \end{pmatrix} \text{ に対して，} \boldsymbol{x} \cdot \boldsymbol{y} = \sum_{i=1}^{n} x_i y_i = x_1 y_1 + x_2 y_2 + \cdots + x_n y_n$$

により，内積 $\boldsymbol{x} \cdot \boldsymbol{y}$ を定義する．いま，${}^t\boldsymbol{x} = (x_1 \quad x_2 \quad \cdots \quad x_n)$ を用いると，内積は行列の積として，

$$\boldsymbol{x} \cdot \boldsymbol{y} = {}^t\boldsymbol{x}\boldsymbol{y} = (x_1 \quad x_2 \quad \cdots \quad x_n) \begin{pmatrix} y_1 \\ y_2 \\ \vdots \\ y_n \end{pmatrix} \qquad ❶$$

により表すことができる．

【問 4・1】 n 次正方行列 A と，n 次列ベクトル $\boldsymbol{x}, \boldsymbol{y}$ に対し，

$$A\boldsymbol{x}\cdot\boldsymbol{y} = \boldsymbol{x}\cdot{}^t\!A\boldsymbol{y}$$

が成り立つことを証明しなさい．

一方，スカラーが複素数の場合は，$\boldsymbol{x}, \boldsymbol{y}$ の内積を，

$$\boldsymbol{x} = \begin{pmatrix} x_1 \\ x_2 \\ \vdots \\ x_n \end{pmatrix},\ \boldsymbol{y} = \begin{pmatrix} y_1 \\ y_2 \\ \vdots \\ y_n \end{pmatrix} \text{ に対して，} \boldsymbol{x}\cdot\boldsymbol{y} = \sum_{i=1}^{n} x_i\overline{y_i} = x_1\overline{y_1} + x_2\overline{y_2} + \cdots + x_n\overline{y_n}$$

により定義する．ここで，$\overline{y_i}$ は y_i と共役な複素数である．このとき，❶ の代わりに，$\overline{\boldsymbol{y}} = \begin{pmatrix} \overline{y_1} \\ \overline{y_2} \\ \vdots \\ \overline{y_n} \end{pmatrix}$ として，

$$\boldsymbol{x}\cdot\boldsymbol{y} = {}^t\boldsymbol{x}\overline{\boldsymbol{y}} = (x_1 \quad x_2 \quad \cdots \quad x_n)\begin{pmatrix} \overline{y_1} \\ \overline{y_2} \\ \vdots \\ \overline{y_n} \end{pmatrix} \qquad ❷$$

と表せる．

例 4・1 $\boldsymbol{x} = \begin{pmatrix} 3+i \\ 2 \end{pmatrix}$，$\boldsymbol{y} = \begin{pmatrix} 2+i \\ -1 \end{pmatrix}$ のとき，$\overline{\boldsymbol{y}} = \begin{pmatrix} 2-i \\ -1 \end{pmatrix}$ だから，

$$\boldsymbol{x}\cdot\boldsymbol{y} = (3+i \quad 2)\begin{pmatrix} 2-i \\ -1 \end{pmatrix} = (3+i)(2-i) + 2\cdot(-1) = 5-i$$

スカラーが実数のときは，$\overline{\boldsymbol{y}} = \boldsymbol{y}$ となるから，❶ は ❷ の特別な場合である．ただし，スカラーが複素数のときは，$\boldsymbol{x}\cdot\boldsymbol{y} \neq \boldsymbol{y}\cdot\boldsymbol{x}$ であって，代わりに

$$\boldsymbol{x}\cdot\boldsymbol{y} = \overline{\boldsymbol{y}\cdot\boldsymbol{x}}$$

が成り立つ．また $(k\boldsymbol{x})\cdot\boldsymbol{y} = k(\boldsymbol{x}\cdot\boldsymbol{y})$ は成り立つが，$\boldsymbol{x}\cdot(k\boldsymbol{y}) \neq k(\boldsymbol{x}\cdot\boldsymbol{y})$ で，

$$\boldsymbol{x}\cdot(k\boldsymbol{y}) = \overline{k}(\boldsymbol{x}\cdot\boldsymbol{y})$$

となる．

内積の定義された線形空間を，**計量線形空間**（または**計量ベクトル空間**）(metric vector space) という[*1].

◆ ノ ル ム

ベクトル $\boldsymbol{x}$ に対し，$\sqrt{\boldsymbol{x}\cdot\boldsymbol{x}}$ を $\boldsymbol{x}$ の**ノルム** (norm) といい，$\|\boldsymbol{x}\|$ で表す．$\boldsymbol{x}=\begin{pmatrix} x_1 \\ x_2 \\ \vdots \\ x_n \end{pmatrix}$ のとき，$\|\boldsymbol{x}\|=\sqrt{\boldsymbol{x}\cdot\boldsymbol{x}}=\sqrt{x_1{}^2+x_2{}^2+\cdots+x_n{}^2}$ となるから，$\|\boldsymbol{x}\|$ はベクトル $\boldsymbol{x}$ の大きさを表す[*2]．したがって，$\dfrac{\boldsymbol{x}}{\|\boldsymbol{x}\|}$ は $\boldsymbol{x}$ と同じ向きの単位ベクトルである．

◆ 正射影ベクトル

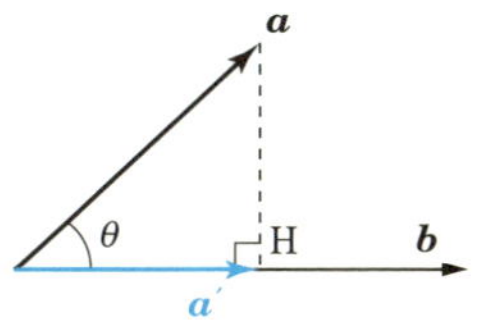

スカラーが実数のときの内積 $\boldsymbol{a}\cdot\boldsymbol{b}$ は，ベクトル $\boldsymbol{a}$ と $\boldsymbol{b}$ のなす角 θ を用いて，$\boldsymbol{a}\cdot\boldsymbol{b}=\|\boldsymbol{a}\|\,\|\boldsymbol{b}\|\cos\theta$ と表せた．

いま，図のように，ベクトル $\boldsymbol{a}$ の終点から $\boldsymbol{b}$ に下ろした垂線の足を H とし，H を終点とするベクトル $\boldsymbol{a}'$ を考える．$\boldsymbol{a}'$ は，いわば，ベクトル $\boldsymbol{a}$ が $\boldsymbol{b}$ 上につくる“影”に相当し，“$\boldsymbol{b}$ に対するベクトル $\boldsymbol{a}$ の**正射影** (orthogonal projection)”という．

図より，明らかに $\|\boldsymbol{a}'\|=\|\boldsymbol{a}\|\cos\theta$ だから，

$$\|\boldsymbol{a}'\| = \frac{\boldsymbol{a}\cdot\boldsymbol{b}}{\|\boldsymbol{b}\|}$$

ベクトル $\boldsymbol{a}'$ は，$\boldsymbol{b}$ と同じ向きで，大きさが $\boldsymbol{b}$ の $\dfrac{\|\boldsymbol{a}'\|}{\|\boldsymbol{b}\|}$ 倍だから，

$$\boldsymbol{a}' = \frac{\|\boldsymbol{a}'\|}{\|\boldsymbol{b}\|}\boldsymbol{b} = \frac{\boldsymbol{a}\cdot\boldsymbol{b}}{\|\boldsymbol{b}\|^2}\boldsymbol{b}$$

が成り立つ．特に，$\boldsymbol{b}$ が単位ベクトル $\boldsymbol{e}$ のときは，$\|\boldsymbol{e}\|=1$ より

$$\boldsymbol{a}' = \frac{\|\boldsymbol{a}'\|}{\|\boldsymbol{e}\|}\boldsymbol{e} = (\boldsymbol{a}\cdot\boldsymbol{e})\boldsymbol{e}$$

と表せる．

＊1　内積空間ともいう．
＊2　高校では $\|\boldsymbol{x}\|$ の代わりに $|\vec{x}|$ で表した．

正射影ベクトル

$\boldsymbol{b}$ に対するベクトル $\boldsymbol{a}$ の正射影は $\dfrac{\boldsymbol{a}\cdot\boldsymbol{b}}{\|\boldsymbol{b}\|^2}\boldsymbol{b}$ で表され，単位ベクトル $\boldsymbol{e}$ に対する $\boldsymbol{a}$ の正射影は $(\boldsymbol{a}\cdot\boldsymbol{e})\boldsymbol{e}$ で表せる．

【問 4・2】 原点をOとする座標空間内に，点 A(1, 3, 4) および点 B(1, 1, 1) がある．$\overrightarrow{\mathrm{OB}}$ に対するベクトル $\overrightarrow{\mathrm{OA}}$ の正射影を求めなさい．

4・1・2 正規直交基底

◆ ベクトルの直交

$\boldsymbol{a}\cdot\boldsymbol{b}=0$ のとき，$\boldsymbol{a}$ と $\boldsymbol{b}$ は**直交**するといい，$\boldsymbol{a}\perp\boldsymbol{b}$ で表す．高校では，$\boldsymbol{a}\perp\boldsymbol{b}$ のときは $\boldsymbol{a}\neq\boldsymbol{o}$ かつ $\boldsymbol{b}\neq\boldsymbol{o}$ の場合としたが，大学では $\boldsymbol{a}=\boldsymbol{o}$ や $\boldsymbol{b}=\boldsymbol{o}$ の場合も，$\boldsymbol{a}\perp\boldsymbol{b}$ に含めて考える*.

基底 $\boldsymbol{e}_1, \boldsymbol{e}_2, \cdots, \boldsymbol{e}_n$ のうち，どのベクトルも大きさが1で，互いに直交するとき，この基底を**正規直交基底**（orthonormal basis）という．標準基底は正規直交基底である．

◆ グラム・シュミットの方法

任意の基底 $\boldsymbol{a}_1, \boldsymbol{a}_2, \cdots, \boldsymbol{a}_n$ から，正規直交基底 $\boldsymbol{e}_1, \boldsymbol{e}_2, \cdots, \boldsymbol{e}_n$ をつくることを考えよう．

まず，$\dfrac{\boldsymbol{a}_1}{\|\boldsymbol{a}_1\|}$ は $\boldsymbol{a}_1$ と同じ向きの単位ベクトルであるから，これを $\boldsymbol{e}_1$ とする．すると，$\boldsymbol{a}_2'=(\boldsymbol{a}_2\cdot\boldsymbol{e}_1)\boldsymbol{e}_1$ は $\boldsymbol{e}_1$ に対する $\boldsymbol{a}_2$ の正射影だから，

$$\boldsymbol{a}_2-\boldsymbol{a}_2' \perp \boldsymbol{e}_1$$

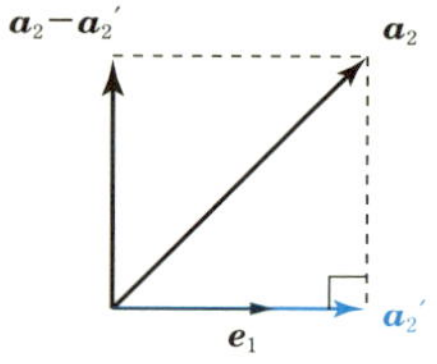

したがって，$\dfrac{\boldsymbol{a}_2-\boldsymbol{a}_2'}{\|\boldsymbol{a}_2-\boldsymbol{a}_2'\|}$ は大きさが1で，$\boldsymbol{e}_1$ に直交するので，これを $\boldsymbol{e}_2$ とする．

＊ p. 57 の場合とあわせて考えると，$\boldsymbol{o}$ は任意のベクトルに平行であり，任意のベクトルと直交する．

つぎに，ベクトル $\boldsymbol{a}_3$ の終点から，$\boldsymbol{e}_1, \boldsymbol{e}_2$ がつくる平面に垂線を下ろすと，その足を終点とするベクトル $\boldsymbol{a}_3'$ は，

$$\boldsymbol{a}_3' = (\boldsymbol{a}_3 \cdot \boldsymbol{e}_1)\boldsymbol{e}_1 + (\boldsymbol{a}_3 \cdot \boldsymbol{e}_2)\boldsymbol{e}_2$$

で表される．これを“$\boldsymbol{e}_1, \boldsymbol{e}_2$ がつくる平面に対するベクトル $\boldsymbol{a}_3$ の正射影”という．このとき，

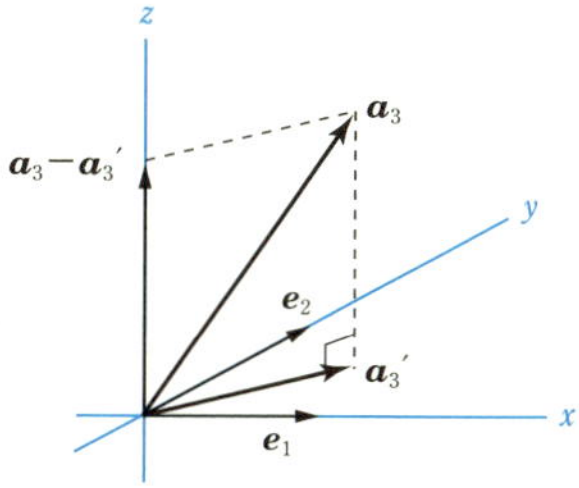

$$\boldsymbol{a}_3-\boldsymbol{a}_3' \perp \boldsymbol{e}_1 \quad かつ \quad \boldsymbol{a}_3-\boldsymbol{a}_3' \perp \boldsymbol{e}_2$$

なので，$\dfrac{\boldsymbol{a}_3-\boldsymbol{a}_3'}{\|\boldsymbol{a}_3-\boldsymbol{a}_3'\|}$ は大きさが1で，$\boldsymbol{e}_1$ と $\boldsymbol{e}_2$ とも直交する．したがって，これを $\boldsymbol{e}_3$ とする．

以下同様の操作を続けていけば，$\boldsymbol{e}_1$ から $\boldsymbol{e}_n$ まですべてのベクトルを得ることができる．

このようにして基底を正規直交化する方法を，**グラム・シュミットの方法**という．

【問 4・3】 原点をOとする座標空間内の点A(1, 3, 4)から，xy 平面に下ろした垂線の足をHとする．このとき，ベクトル $\overrightarrow{\mathrm{OH}}$ を，グラム・シュミットの方法を用いて求めなさい．

4・2 行列への応用

4・2・1 複素行列

◆ 随伴行列

複素数を成分とする行列 $A=(a_{ij})$ に対し，$A^*=(\overline{a_{ji}})$ を A の**随伴行列**（adjoint matrix）という．いま，A の各成分と共役な複素数を成分にもつ行列を $\overline{A}$ とすると，

$$A^* = {}^t\overline{A}$$

と表せる．

例 4・2 $A=\begin{pmatrix} i & 0 \\ 2 & 1-i \end{pmatrix}$ のとき，$A^*=\begin{pmatrix} -i & 2 \\ 0 & 1+i \end{pmatrix}$

特に A の成分が実数の場合は，$\overline{A}=A$ だから，$A^*={}^tA$ となる．

◆ 直交行列とユニタリ行列

n 次正方行列 A が，$A^*A = E$ すなわち $A^* = A^{-1}$ を満たすとき，A を**ユニタリ行列**（unitary matrix）という．

特に成分が実数の場合は，**直交行列**（orthonormal matrix）という．直交行列は，${}^tAA = E$ を満たす実行列である．

A を直交行列，$\boldsymbol{x}$ を任意の実ベクトルとする．問 4・1 の結果より，

$$\|A\boldsymbol{x}\|^2 = A\boldsymbol{x}\cdot A\boldsymbol{x} = \boldsymbol{x}\cdot {}^tA(A\boldsymbol{x})$$

が成り立つが，${}^tAA = E$ だから，

$$\boldsymbol{x}\cdot {}^tA(A\boldsymbol{x}) = \boldsymbol{x}\cdot\boldsymbol{x} = \|\boldsymbol{x}\|^2$$

よって，$\|A\boldsymbol{x}\|^2 = \|\boldsymbol{x}\|^2$，すなわち

$$\|A\boldsymbol{x}\| = \|\boldsymbol{x}\| \qquad ❶$$

が成り立つ．❶ は，直交行列で表される線形変換では，ベクトルの大きさが変わらないことを表している．このような変換を**合同変換**という．

また，${}^tAA$ の (i, j) 成分は $\sum_{k=1}^{n} a_{ki}a_{kj}$ なので，${}^tAA = E$ は成分を用いて，

$$i = j \text{ のとき，} \sum_{k=1}^{n} a_{ki}a_{kj} = \sum_{k=1}^{n} {a_{ki}}^2 = 1 \qquad ❷$$

$$i \neq j \text{ のとき，} \sum_{k=1}^{n} a_{ki}a_{kj} = 0 \qquad ❸$$

と表せる．❷ は A の第 i 列の大きさが 1 であること，❸ は A の第 i 列と第 j 列が直交していることを表している．

以上より，直交行列にはつぎのような性質があることがわかる．

直交行列の性質

① 直交行列が表す線形変換は，合同変換である．

② 直交行列の各列ベクトルは，正規直交基底をなす．

ユニタリ行列も，同様の性質をもっている．

【問 4・4】 2 次の実行列において，直交行列をすべて求めなさい．

◆ 対称行列とエルミート行列

正方行列 A が，$A^* = A$ を満たすとき，A を**エルミート行列**（Hermitian matrix）という．

特に成分が実数の場合は，**対称行列**（symmetric matrix）という．対称行列は，${}^tA=A$ を満たすから，その成分が対角線に対して対称である．

対称行列 A の固有値を λ_1, λ_2（ただし $\lambda_1 \neq \lambda_2$），各固有値に属する固有ベクトルを $\boldsymbol{x}_1, \boldsymbol{x}_2$ とする．問 4・1 の結果より，

$$A\boldsymbol{x}_1 \cdot \boldsymbol{x}_2 = \boldsymbol{x}_1 \cdot ({}^tA\boldsymbol{x}_2)$$

が成り立つが，${}^tA=A$ だから，

$$A\boldsymbol{x}_1 \cdot \boldsymbol{x}_2 = \boldsymbol{x}_1 \cdot ({}^tA\boldsymbol{x}_2) = \boldsymbol{x}_1 \cdot A\boldsymbol{x}_2 \qquad ❹$$

となる．ところが，$A\boldsymbol{x}_1 = \lambda_1\boldsymbol{x}_1$，$A\boldsymbol{x}_2 = \lambda_2\boldsymbol{x}_2$ だから，❹ は $\lambda_1\boldsymbol{x}_1 \cdot \boldsymbol{x}_2 = \boldsymbol{x}_1 \cdot \lambda_2\boldsymbol{x}_2$ すなわち，

$$\lambda_1\boldsymbol{x}_1 \cdot \boldsymbol{x}_2 = \lambda_2\boldsymbol{x}_1 \cdot \boldsymbol{x}_2$$

と変形できる．ここで，$\lambda_1 \neq \lambda_2$ だから，

$$\boldsymbol{x}_1 \cdot \boldsymbol{x}_2 = 0$$

が成り立つ．ゆえに，対称行列の異なる固有値に属する固有ベクトルは直交する．もし，固有ベクトルとして単位ベクトルを選べば，§3・2・2 で対角化に用いた行列 P は，各列が正規直交基底をなすので，直交行列になる．

以上より，対称行列にはつぎのような性質があることがわかる．

対称行列の性質

① 対称行列の異なる固有値に属する固有ベクトルは直交する．

② 対称行列は，直交行列を用いて対角化できる．

同様に，エルミート行列は，ユニタリ行列を用いて対角化できる．

例題 15 の行列 A は対称行列である．このとき，A の固有ベクトルとして，

$\begin{pmatrix} 1 \\ 0 \\ -1 \end{pmatrix}$，$\begin{pmatrix} 1 \\ -1 \\ 0 \end{pmatrix}$，$\begin{pmatrix} 1 \\ 1 \\ 1 \end{pmatrix}$ の代わりに，$\dfrac{1}{\sqrt{2}}\begin{pmatrix} 1 \\ 0 \\ -1 \end{pmatrix}$，$\dfrac{1}{\sqrt{2}}\begin{pmatrix} 1 \\ -1 \\ 0 \end{pmatrix}$，$\dfrac{1}{\sqrt{3}}\begin{pmatrix} 1 \\ 1 \\ 1 \end{pmatrix}$ を用いると，各ベクトルは大きさが 1 で互いに直交している．したがって，

$$P = \begin{pmatrix} \frac{1}{\sqrt{2}} & \frac{1}{\sqrt{2}} & \frac{1}{\sqrt{3}} \\ 0 & -\frac{1}{\sqrt{2}} & \frac{1}{\sqrt{3}} \\ -\frac{1}{\sqrt{2}} & 0 & \frac{1}{\sqrt{3}} \end{pmatrix} \text{ は直交行列で，} P^{-1}AP = {}^tPAP = \begin{pmatrix} 1 & 0 & 0 \\ 0 & 1 & 0 \\ 0 & 0 & 4 \end{pmatrix}$$

となる．

4・2・2　2 次形式

◆ 2 次形式

x, y に関する 2 次式 ax^2+by^2+2cxy は，すべて 2 次の項から成る多項式で，**2 次形式**とよばれる．

2 次形式は，$A=\begin{pmatrix} a & c \\ c & b \end{pmatrix}$，$\boldsymbol{x}=\begin{pmatrix} x \\ y \end{pmatrix}$ を用いて，

$$ax^2+by^2+2cxy = (x \quad y)\begin{pmatrix} a & c \\ c & b \end{pmatrix}\begin{pmatrix} x \\ y \end{pmatrix} = {}^t\boldsymbol{x}A\boldsymbol{x}$$

と表すことができる．

ここで，A は対称行列なので，適当な直交行列 P を用いて対角化できる．いま，$P^{-1}AP=\begin{pmatrix} \lambda_1 & 0 \\ 0 & \lambda_2 \end{pmatrix}$ とすると，$\boldsymbol{x}=P\boldsymbol{x}'$ とおくことにより，

$$ {}^t\boldsymbol{x}A\boldsymbol{x} = {}^t(P\boldsymbol{x}')A(P\boldsymbol{x}') = ({}^t\boldsymbol{x}'\,{}^tP)AP\boldsymbol{x}' = {}^t\boldsymbol{x}'\begin{pmatrix} \lambda_1 & 0 \\ 0 & \lambda_2 \end{pmatrix}\boldsymbol{x}' \qquad ❶$$

と変形できる．$\boldsymbol{x}'=\begin{pmatrix} x' \\ y' \end{pmatrix}$ とすると，❶ は

$$ {}^t\boldsymbol{x}'\begin{pmatrix} \lambda_1 & 0 \\ 0 & \lambda_2 \end{pmatrix}\boldsymbol{x}' = (x' \quad y')\begin{pmatrix} \lambda_1 & 0 \\ 0 & \lambda_2 \end{pmatrix}\begin{pmatrix} x' \\ y' \end{pmatrix} = \lambda_1 x'^2 + \lambda_2 y'^2$$

と表される．すなわち，$\begin{pmatrix} x \\ y \end{pmatrix}=P\begin{pmatrix} x' \\ y' \end{pmatrix}$ で表される基底の取りかえにより，x, y に関する 2 次式 ax^2+by^2+2cxy が，x', y' に関する 2 次式 $\lambda_1 x'^2+\lambda_2 y'^2$ に簡略化できる．

例題 16　**2 次曲線の回転**

座標平面上において，$7x^2+13y^2-6\sqrt{3}\,xy=4$ で表される曲線がある．いま原点を固定して座標軸を 30° 回転したとき，新しい座標系におけるこの曲線の方程式を求めなさい．

解答　新しい座標軸を x' 軸，y' 軸とする．x 軸の基本ベクトルは $\begin{pmatrix} 1 \\ 0 \end{pmatrix}$，$y$ 軸の基本ベクトルは $\begin{pmatrix} 0 \\ 1 \end{pmatrix}$ だから，例題 13 の結果より，x' 軸の基本ベクトル

は$\begin{pmatrix}\cos 30^\circ\\ \sin 30^\circ\end{pmatrix}$，$y'$ 軸の基本ベクトルは$\begin{pmatrix}-\sin 30^\circ\\ \cos 30^\circ\end{pmatrix}$となる．したがって，基底の取りかえ行列は，$P=\begin{pmatrix}\cos 30^\circ & -\sin 30^\circ\\ \sin 30^\circ & \cos 30^\circ\end{pmatrix}=\dfrac{1}{2}\begin{pmatrix}\sqrt{3} & -1\\ 1 & \sqrt{3}\end{pmatrix}$である．

いま，$\begin{pmatrix}x\\ y\end{pmatrix}=P\begin{pmatrix}x'\\ y'\end{pmatrix}=\dfrac{1}{2}\begin{pmatrix}\sqrt{3} & -1\\ 1 & \sqrt{3}\end{pmatrix}\begin{pmatrix}x'\\ y'\end{pmatrix}$だから，

$x=\dfrac{\sqrt{3}\,x'-y'}{2}$，$y=\dfrac{x'+\sqrt{3}\,y'}{2}$ を $7x^2+13y^2-6\sqrt{3}\,xy=4$ に代入すると，

$$7\left(\frac{\sqrt{3}\,x'-y'}{2}\right)^2+13\left(\frac{x'+\sqrt{3}\,y'}{2}\right)^2-6\sqrt{3}\left(\frac{\sqrt{3}\,x'-y'}{2}\right)\left(\frac{x'+\sqrt{3}\,y'}{2}\right)=4$$

整理して，

$$x'^2+4y'^2=1$$

が得られる．これが，新しい座標系における曲線の方程式である．

◆ 2 次曲線

座標平面において，放物線は $y^2=4px$ で，楕円は $\dfrac{x^2}{a^2}+\dfrac{y^2}{b^2}=1$ で，双曲線は $\dfrac{x^2}{a^2}-\dfrac{y^2}{b^2}=\pm 1$ で表される．いずれも x, y についての 2 次方程式で表されるので，これらの曲線を **2 次曲線**という．

座標平面上の任意の 2 次曲線は，適当な平行移動を行うことにより，2 次形式を用いて ${}^t\boldsymbol{x}A\boldsymbol{x}+d=0$ の形で表される．いま，2 次曲線が $ax^2+by^2+2cxy+d=0$ で表されるとき，

$$c^2-ab>0 \quad ならば \quad 双曲線$$
$$c^2-ab=0 \quad ならば \quad 放物線$$
$$c^2-ab<0 \quad ならば \quad 楕円$$

を表す．

たとえば，例題 16 の曲線は，$a=7$，$b=13$，$c=-3\sqrt{3}$ の場合に相当するので，$c^2-ab=27-91<0$ より，楕円を表すことがわかる．実際に，例題 16 のように座標軸を回転することにより，楕円の長軸，短軸が座標軸と重なった標準形の方程式

$x'^2+4y'^2=1$ に導くことができる．これを**主軸変換**という．

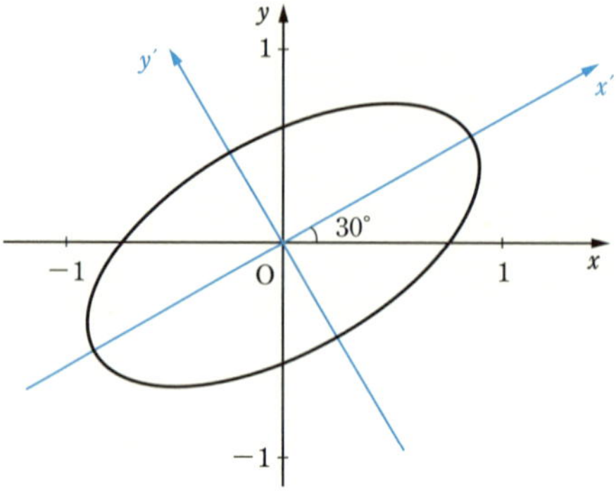

【問 4・5】 $xy=1$ で表される双曲線は，座標軸を原点のまわりに 45° 回転したとき，どのような方程式で表されるか．

関数の直交性 —— フーリエ解析への誘い

高校で学習したように，内積にはつぎの性質がある．

$$\boldsymbol{a}\cdot\boldsymbol{a} \geqq 0 \ (\text{等号は}\ \boldsymbol{a}=\boldsymbol{o}\ \text{のときのみ成立}) \quad ❶$$

$$\boldsymbol{a}\cdot\boldsymbol{b} = \boldsymbol{b}\cdot\boldsymbol{a} \quad ❷$$

$$(k\boldsymbol{a})\cdot\boldsymbol{b} = \boldsymbol{a}\cdot(k\boldsymbol{b}) = k(\boldsymbol{a}\cdot\boldsymbol{b}) \quad ❸$$

$$\begin{cases} \boldsymbol{a}\cdot(\boldsymbol{b}+\boldsymbol{c}) = \boldsymbol{a}\cdot\boldsymbol{b}+\boldsymbol{a}\cdot\boldsymbol{c} \\ (\boldsymbol{a}+\boldsymbol{b})\cdot\boldsymbol{c} = \boldsymbol{a}\cdot\boldsymbol{c}+\boldsymbol{b}\cdot\boldsymbol{c} \end{cases} \quad ❹$$

また，スカラーが複素数の場合は，§4・1・1より，❷の代わりに

$$\boldsymbol{a}\cdot\boldsymbol{b} = \overline{\boldsymbol{b}\cdot\boldsymbol{a}} \quad ❷'$$

が，❸の代わりに

$$(k\boldsymbol{a})\cdot\boldsymbol{b} = \boldsymbol{a}\cdot(\bar{k}\boldsymbol{b}) = k(\boldsymbol{a}\cdot\boldsymbol{b}) \quad ❸'$$

が成り立つ（❷は❷′の，❸は❸′の特別な場合である）．

一般に，ベクトル（線形空間の要素）からスカラー（体の要素）を求める演算で，❶,❷′,❸′,❹を満たすものをすべて“内積”とよぶ．

たとえば，高校で学んだような定義域と値域が実数である関数のうち，閉区間$[a,b]$で連続な関数全体の集合は線形空間となる（**関数空間**という）．その任意の要素$f(x)$，$g(x)$に対して，

$$\int_a^b f(x)\,g(x)\,dx \quad ❺$$

は，❶～❹を満たすから，この関数空間における内積とみなすことができる．

いったん内積が定義されれば，§4・1で見たように，ノルムや直交性を考えることができる．たとえば，❺に対して，

$$\int_a^b f(x)\,g(x)\,dx = 0 \iff f(x)\text{と}\,g(x)\,\text{は直交する}$$

がいえる．

いま，❺を三角関数について考えると，m, nを自然数として，

$$\int_{-\pi}^{\pi} \cos mx \sin nx \ dx = 0$$

$$\int_{-\pi}^{\pi} \cos mx \cos nx \ dx = \begin{cases} 0 & (m \neq n) \\ \pi & (m = n) \end{cases}$$

$$\int_{-\pi}^{\pi} \sin mx \sin nx \ dx = \begin{cases} 0 & (m \neq n) \\ \pi & (m = n) \end{cases}$$

が成り立つから，

$$\cos x, \sin x, \cos 2x, \sin 2x, \cdots \quad ❻$$

は，互いに直交していることがわかる．

実は，この関数空間の任意の関数 $f(x)$ は，❻ の関数系を用いて，

$$f(x) = \frac{a_0}{2} + \sum_{n=1}^{\infty} (a_n \cos nx + b_n \sin nx) \quad ❼$$

で表すことができる（右辺の級数の収束が保証される）．ここで，

$$a_n = \frac{1}{\pi}\int_{-\pi}^{\pi} f(x) \cos nx \ dx, \quad b_n = \frac{1}{\pi}\int_{-\pi}^{\pi} f(x) \sin nx \ dx \quad ❽$$

である．❼ を $f(x)$ の**フーリエ級数展開**という．❼ の右辺は，❻ と定数関数の線形結合とみなせるから，この関数空間は無限次元である．

❽ の自然数 n を実数 k に拡張した

$$F_c(k) = \frac{1}{\sqrt{2\pi}}\int_{-\infty}^{\infty} f(x) \cos kx \ dx, \quad F_s(k) = \frac{1}{\sqrt{2\pi}}\int_{-\infty}^{\infty} f(x) \sin kx \ dx$$

を，$f(x)$ の**フーリエ変換**という．フーリエ変換は，観測データの加工処理や画像解析（JPEG 圧縮など），核磁気共鳴（NMR）や X 線結晶構造解析などの分析技術で幅広く利用されている．

問 題 の 解 答

第 1 章

問 1・1　2×2 型．$a_{11}=3$，$a_{12}=-4$，$a_{21}=2$，対角成分は 3 と -1．

問 1・2　$A=\begin{pmatrix} a_{11} & a_{12} & a_{13} \\ a_{21} & a_{22} & a_{23} \end{pmatrix}=\begin{pmatrix} 1+1 & 1+2 & 1+3 \\ 2+1 & 2+2 & 2+3 \end{pmatrix}=\begin{pmatrix} 2 & 3 & 4 \\ 3 & 4 & 5 \end{pmatrix}$

問 1・3　$\begin{pmatrix} 2+(-2) & (-1)+2 & 4+0 \\ 1+1 & 0+4 & 3+(-5) \end{pmatrix}=\begin{pmatrix} 0 & 1 & 4 \\ 2 & 4 & -2 \end{pmatrix}$

問 1・4　$\begin{pmatrix} 1+8-3 & -2+7-1 \\ 3-5+4 & 4+6-5 \end{pmatrix}=\begin{pmatrix} 6 & 4 \\ 2 & 5 \end{pmatrix}$

問 1・5　$1A=\begin{pmatrix} a & b \\ c & d \end{pmatrix}=A$，$(-1)A=\begin{pmatrix} -a & -b \\ -c & -d \end{pmatrix}$，$0A=\begin{pmatrix} 0 & 0 \\ 0 & 0 \end{pmatrix}=O$，

$kO=\begin{pmatrix} 0 & 0 \\ 0 & 0 \end{pmatrix}=O$

問 1・6　$A=\begin{pmatrix} a & b \\ c & d \end{pmatrix}$，$B=\begin{pmatrix} e & f \\ g & h \end{pmatrix}$とする．

① $(kl)A=kl\begin{pmatrix} a & b \\ c & d \end{pmatrix}=\begin{pmatrix} kla & klb \\ klc & kld \end{pmatrix}$，$k(lA)=k\begin{pmatrix} la & lb \\ lc & ld \end{pmatrix}=\begin{pmatrix} kla & klb \\ klc & kld \end{pmatrix}$より，

$(kl)A=k(lA)$

② $(k+l)A=(k+l)\begin{pmatrix} a & b \\ c & d \end{pmatrix}=\begin{pmatrix} (k+l)a & (k+l)b \\ (k+l)c & (k+l)d \end{pmatrix}$，

$kA+lA=\begin{pmatrix} ka & kb \\ kc & kd \end{pmatrix}+\begin{pmatrix} la & lb \\ lc & ld \end{pmatrix}=\begin{pmatrix} ka+la & kb+lb \\ kc+lc & kd+ld \end{pmatrix}$より，成分を比較して，

$(k+l)A=kA+lA$

③ $k(A+B)=k\begin{pmatrix} a+e & b+f \\ c+g & d+h \end{pmatrix}=\begin{pmatrix} k(a+e) & k(b+f) \\ k(c+g) & k(d+h) \end{pmatrix}$，

$kA+kB=\begin{pmatrix} ka & kb \\ kc & kd \end{pmatrix}+\begin{pmatrix} ke & kf \\ kg & kh \end{pmatrix}=\begin{pmatrix} ka+ke & kb+kf \\ kc+kg & kd+kh \end{pmatrix}$より，成分を比較して，

$k(A+B)=kA+kB$

問 1・7 $2(A-B)-A=2A-2B-A=A-2B$

$$=\begin{pmatrix}3 & 1\\ 8 & 3\end{pmatrix}-2\begin{pmatrix}3 & -7\\ 1 & 6\end{pmatrix}=\begin{pmatrix}3 & 1\\ 8 & 3\end{pmatrix}-\begin{pmatrix}6 & -14\\ 2 & 12\end{pmatrix}$$

$$=\begin{pmatrix}-3 & 15\\ 6 & -9\end{pmatrix}$$

問 1・8 $X+A=2(B-X)$ より $X=\dfrac{1}{3}(2B-A)=\dfrac{1}{3}\begin{pmatrix}3 & -15\\ -6 & 9\end{pmatrix}=\begin{pmatrix}1 & -5\\ -2 & 3\end{pmatrix}$

問 1・9 (1) $\begin{pmatrix}1 & 2\\ 3 & 4\end{pmatrix}\begin{pmatrix}3 & 4\\ 5 & 6\end{pmatrix}=\begin{pmatrix}1\cdot3+2\cdot5 & 1\cdot4+2\cdot6\\ 3\cdot3+4\cdot5 & 3\cdot4+4\cdot6\end{pmatrix}=\begin{pmatrix}13 & 16\\ 29 & 36\end{pmatrix}$

(2) $\begin{pmatrix}2 & 1\\ 3 & -6\end{pmatrix}\begin{pmatrix}5 & 0\\ 4 & 1\end{pmatrix}=\begin{pmatrix}2\cdot5+1\cdot4 & 2\cdot0+1\cdot1\\ 3\cdot5+(-6)\cdot4 & 3\cdot0+(-6)\cdot1\end{pmatrix}=\begin{pmatrix}14 & 1\\ -9 & -6\end{pmatrix}$

問 1・10 $\begin{pmatrix}ax+by\\ cx+dy\end{pmatrix}$

問 1・11 (1) -4 (2) $\begin{pmatrix}2 & -4\\ 3 & -6\end{pmatrix}$

問 1・12 $A=\begin{pmatrix}a & b\\ c & d\end{pmatrix}$, $B=\begin{pmatrix}e & f\\ g & h\end{pmatrix}$, $C=\begin{pmatrix}i & j\\ l & m\end{pmatrix}$とする.

結合法則: $AB=\begin{pmatrix}a & b\\ c & d\end{pmatrix}\begin{pmatrix}e & f\\ g & h\end{pmatrix}=\begin{pmatrix}ae+bg & af+bh\\ ce+dg & cf+dh\end{pmatrix}$より,

$$(AB)C=\begin{pmatrix}ae+bg & af+bh\\ ce+dg & cf+dh\end{pmatrix}\begin{pmatrix}i & j\\ l & m\end{pmatrix}$$

$$=\begin{pmatrix}(ae+bg)i+(af+bh)l & (ae+bg)j+(af+bh)m\\ (ce+dg)i+(cf+dh)l & (ce+dg)j+(cf+dh)m\end{pmatrix}$$

$BC=\begin{pmatrix}e & f\\ g & h\end{pmatrix}\begin{pmatrix}i & j\\ l & m\end{pmatrix}=\begin{pmatrix}ei+fl & ej+fm\\ gi+hl & gj+hm\end{pmatrix}$より,

$$A(BC)=\begin{pmatrix}a & b\\ c & d\end{pmatrix}\begin{pmatrix}ei+fl & ej+fm\\ gi+hl & gj+hm\end{pmatrix}$$

$$=\begin{pmatrix}a(ei+fl)+b(gi+hl) & a(ej+fm)+b(gj+hm)\\ c(ei+fl)+d(gi+hl) & c(ej+fm)+d(gj+hm)\end{pmatrix}$$

成分を比較すると, $(AB)C=A(BC)$がいえる.

分配法則: $B+C=\begin{pmatrix}e+i & f+j\\ g+l & h+m\end{pmatrix}$より,

$$A(B+C)=\begin{pmatrix} ae+ai+bg+bl & af+aj+bh+bm \\ ce+ci+dg+dl & cf+cj+dh+dm \end{pmatrix}$$

一方 $AB=\begin{pmatrix} ae+bg & af+bh \\ ce+dg & cf+dh \end{pmatrix}$，$AC=\begin{pmatrix} ai+bl & aj+bm \\ ci+dl & cj+dm \end{pmatrix}$ より，

$$AB+AC=\begin{pmatrix} ae+bg+ai+bl & af+bh+aj+bm \\ ce+dg+ci+dl & cf+dh+cj+dm \end{pmatrix}$$

ゆえに，$A(B+C)=AB+AC$ が成り立つ.

$(A+B)C=AC+BC$ も同様に証明できる.

問 1・13 (1) $A^2=\begin{pmatrix} 1 & a \\ 0 & 1 \end{pmatrix}\begin{pmatrix} 1 & a \\ 0 & 1 \end{pmatrix}=\begin{pmatrix} 1 & 2a \\ 0 & 1 \end{pmatrix}$

$$A^3=AA^2=\begin{pmatrix} 1 & a \\ 0 & 1 \end{pmatrix}\begin{pmatrix} 1 & 2a \\ 0 & 1 \end{pmatrix}=\begin{pmatrix} 1 & 3a \\ 0 & 1 \end{pmatrix}$$

$$A^4=AA^3=\begin{pmatrix} 1 & a \\ 0 & 1 \end{pmatrix}\begin{pmatrix} 1 & 3a \\ 0 & 1 \end{pmatrix}=\begin{pmatrix} 1 & 4a \\ 0 & 1 \end{pmatrix}$$

(2) $A^2=\begin{pmatrix} a & 0 \\ 0 & b \end{pmatrix}\begin{pmatrix} a & 0 \\ 0 & b \end{pmatrix}=\begin{pmatrix} a^2 & 0 \\ 0 & b^2 \end{pmatrix}$

$$A^3=AA^2=\begin{pmatrix} a & 0 \\ 0 & b \end{pmatrix}\begin{pmatrix} a^2 & 0 \\ 0 & b^2 \end{pmatrix}=\begin{pmatrix} a^3 & 0 \\ 0 & b^3 \end{pmatrix}$$

$$A^4=AA^3=\begin{pmatrix} a & 0 \\ 0 & b \end{pmatrix}\begin{pmatrix} a^3 & 0 \\ 0 & b^3 \end{pmatrix}=\begin{pmatrix} a^4 & 0 \\ 0 & b^4 \end{pmatrix}$$

■補足■ (1) 一般に，$\begin{pmatrix} 1 & a \\ 0 & 1 \end{pmatrix}^n=\begin{pmatrix} 1 & na \\ 0 & 1 \end{pmatrix}$ (2) 一般に $\begin{pmatrix} a & 0 \\ 0 & b \end{pmatrix}^n=\begin{pmatrix} a^n & 0 \\ 0 & b^n \end{pmatrix}$

問 1・14 (1) $AB=\begin{pmatrix} 1 & 0 \\ 1 & 2 \end{pmatrix}\begin{pmatrix} 1 & 2 \\ 3 & 0 \end{pmatrix}=\begin{pmatrix} 1 & 2 \\ 7 & 2 \end{pmatrix}$，

$BA=\begin{pmatrix} 1 & 2 \\ 3 & 0 \end{pmatrix}\begin{pmatrix} 1 & 0 \\ 1 & 2 \end{pmatrix}=\begin{pmatrix} 3 & 4 \\ 3 & 0 \end{pmatrix}$ より，$AB \neq BA$

(2) $A+B=\begin{pmatrix} 2 & 2 \\ 4 & 2 \end{pmatrix}$，$A-B=\begin{pmatrix} 0 & -2 \\ -2 & 2 \end{pmatrix}$ より，

$$(A+B)(A-B)=\begin{pmatrix} 2 & 2 \\ 4 & 2 \end{pmatrix}\begin{pmatrix} 0 & -2 \\ -2 & 2 \end{pmatrix}=\begin{pmatrix} -4 & 0 \\ -4 & -4 \end{pmatrix}$$

一方，$A^2=\begin{pmatrix} 1 & 0 \\ 1 & 2 \end{pmatrix}\begin{pmatrix} 1 & 0 \\ 1 & 2 \end{pmatrix}=\begin{pmatrix} 1 & 0 \\ 3 & 4 \end{pmatrix}$，$B^2=\begin{pmatrix} 1 & 2 \\ 3 & 0 \end{pmatrix}\begin{pmatrix} 1 & 2 \\ 3 & 0 \end{pmatrix}=\begin{pmatrix} 7 & 2 \\ 3 & 6 \end{pmatrix}$

より，$A^2-B^2=\begin{pmatrix}1 & 0\\ 3 & 4\end{pmatrix}-\begin{pmatrix}7 & 2\\ 3 & 6\end{pmatrix}=\begin{pmatrix}-6 & -2\\ 0 & -2\end{pmatrix}$

ゆえに，$(A+B)(A-B)\neq A^2-B^2$

問 1・15 (1) $(A+B)(A-B)=A(A-B)+B(A-B)=A^2-AB+BA-B^2$

題意より $AB=BA$ だから，$A^2-AB+BA-B^2=A^2-B^2$ となる．

(2) $(A+B)^2=(A+B)(A+B)=A(A+B)+B(A+B)=A^2+AB+BA+B^2$

題意より $AB=BA$ だから，$A^2+AB+BA+B^2=A^2+2AB+B^2$ となる．

問 1・16 題意より $(A+kB)(A-kB)=(A-kB)(A+kB)$ が成り立つ．

両辺を展開すると $A^2+kBA-kAB-k^2B^2=A^2-kBA+kAB-k^2B^2$ だから，整理して $2k(BA-AB)=O$ となる．

$k\neq 0$ より，両辺を $2k$ で割ると，$BA-AB=O$ すなわち $BA=AB$ が成り立つ．

■ 発展 ■ 本問とは逆に $AB=BA$ のとき $A+kB$ と $A-kB$ が交換可能であることも容易に確かめられる．すなわち

$A+kB$ と $A-kB$ が交換可能 $(k\neq 0)$ $\iff$ A と B が交換可能

問 1・17 $A=\begin{pmatrix}a & b\\ c & d\end{pmatrix}$ とする．

① $AE=\begin{pmatrix}a & b\\ c & d\end{pmatrix}\begin{pmatrix}1 & 0\\ 0 & 1\end{pmatrix}=\begin{pmatrix}a & b\\ c & d\end{pmatrix}$，$EA=\begin{pmatrix}1 & 0\\ 0 & 1\end{pmatrix}\begin{pmatrix}a & b\\ c & d\end{pmatrix}=\begin{pmatrix}a & b\\ c & d\end{pmatrix}$ より，

$AE=EA=A$

② $AO=\begin{pmatrix}a & b\\ c & d\end{pmatrix}\begin{pmatrix}0 & 0\\ 0 & 0\end{pmatrix}=\begin{pmatrix}0 & 0\\ 0 & 0\end{pmatrix}$，$OA=\begin{pmatrix}0 & 0\\ 0 & 0\end{pmatrix}\begin{pmatrix}a & b\\ c & d\end{pmatrix}=\begin{pmatrix}0 & 0\\ 0 & 0\end{pmatrix}$ より，

$AO=OA=O$

問 1・18 題意より，$XA=E$，$AY=E$ が成り立つ．

いま $AY=E$ の両辺に左から X を掛けると，$XAY=XE$

左辺は $(XA)Y=EY=Y$，右辺は X だから，$Y=X$ が成り立つ．

問 1・19 $(AB)(B^{-1}A^{-1})=A(BB^{-1})A^{-1}=AEA^{-1}=AA^{-1}=E$ より，$B^{-1}A^{-1}$ は AB の逆行列である．

問 1・20 (1) $2\cdot 3-(-5)\cdot(-1)=1\neq 0$ より，逆行列は $\begin{pmatrix}3 & 5\\ 1 & 2\end{pmatrix}$

(2) $(-1)\cdot(-4)-2\cdot 3=-2\neq 0$ より,

逆行列は $-\dfrac{1}{2}\begin{pmatrix}-4 & -2\\ -3 & -1\end{pmatrix}=\dfrac{1}{2}\begin{pmatrix}4 & 2\\ 3 & 1\end{pmatrix}$

(3) $1\cdot 4-2\cdot 2=0$ より, 逆行列は存在しない.

問 1・21　$|A|=2\cdot(-5)-(-3)\cdot 3=-1\neq 0$ より, A^{-1} が存在して, $A^{-1}=\begin{pmatrix}5 & -3\\ 3 & -2\end{pmatrix}$

$AX=B$ の両辺に, 左から A^{-1} を掛けると $A^{-1}AX=A^{-1}B$

左辺は $A^{-1}AX=EX=X$ となるから,

$X=A^{-1}B=\begin{pmatrix}5 & -3\\ 3 & -2\end{pmatrix}\begin{pmatrix}4 & -2\\ 3 & 1\end{pmatrix}=\begin{pmatrix}11 & -13\\ 6 & -8\end{pmatrix}$

問 1・22　$c_{ii}=\displaystyle\sum_{k=1}^{m}a_{ik}b_{ki}$ (k は i, l, m, n 以外の文字でもよい)

$c_{ik}=\displaystyle\sum_{j=1}^{m}a_{ij}b_{jk}$ (j は i, k, l, m, n 以外の文字でもよい)

問 1・23　(1) $\begin{pmatrix}1\\ -2\end{pmatrix}$　(2) $(3 \quad -4 \quad 7)$　(3) $\begin{pmatrix}2 & 1\\ -3 & 0\\ 4 & -1\end{pmatrix}$　(4) $\begin{pmatrix}1 & 0 & -1\\ 0 & 2 & 0\\ -1 & 0 & 3\end{pmatrix}$

問 1・24　${}^{t}A$ の第 i 行は A の第 i 列に, ${}^{t}A$ の第 j 列は A の第 j 行に相当するから, ${}^{t}A$ の (i, j) 成分は a_{ji} に等しい.

問 1・25　$A(B+C)$ の (i, j) 成分 $=\displaystyle\sum_{k=1}^{m}a_{ik}\cdot$ ($(B+C)$ の (k, j) 成分) だから,

$\displaystyle\sum_{k=1}^{m}a_{ik}(b_{kj}+c_{kj})=\sum_{k=1}^{m}(a_{ik}b_{kj}+a_{ik}c_{kj})=\sum_{k=1}^{m}a_{ik}b_{kj}+\sum_{k=1}^{m}a_{ik}c_{kj}$ となり,

AB の (i, j) 成分 $+$ AC の (i, j) 成分に等しい.

ゆえに, $A(B+C)=AB+AC$ が成り立つ.

問 1・26　(1) 成り立つ. 左辺は, A の mn 個の成分すべての和を表す.

(2) 成り立たない. 左辺は, A の対角成分より左下にある成分の和を表す.

(3) 成り立たない. 左辺は, A の対角成分より右上にある成分の和を表す.

問 1・27　(1) $\begin{pmatrix}1 & 0 & 0\\ 0 & 1 & 0\\ 0 & 0 & 0\end{pmatrix}$　(2) $\begin{pmatrix}1 & 0 & 0 & 0\\ 0 & 1 & 0 & 0\\ 0 & 0 & 1 & 0\end{pmatrix}$

問 1・28 $A_1=\begin{pmatrix}1 & 0\\0 & 2\end{pmatrix}$とすると，$A=\begin{pmatrix}A_1 & O_{21}\\O_{12} & -3\end{pmatrix}$.

$B_1=\begin{pmatrix}-2 & 0\\0 & 1\end{pmatrix}$とすると，$B=\begin{pmatrix}B_1 & O_{21}\\O_{12} & 1\end{pmatrix}$. したがって

$AB=\begin{pmatrix}A_1B_1+O_{21}O_{12} & A_1O_{21}+O_{21}\\O_{12}B_1-3O_{12} & O_{12}O_{21}-3\end{pmatrix}$と表せる.

ここで，$A_1B_1+O_{21}O_{12}=\begin{pmatrix}1 & 0\\0 & 2\end{pmatrix}\begin{pmatrix}-2 & 0\\0 & 1\end{pmatrix}+\begin{pmatrix}0\\0\end{pmatrix}(0 \quad 0)$

$=\begin{pmatrix}-2 & 0\\0 & 2\end{pmatrix}+\begin{pmatrix}0 & 0\\0 & 0\end{pmatrix}=\begin{pmatrix}-2 & 0\\0 & 2\end{pmatrix}$

$A_1O_{21}+O_{21}=\begin{pmatrix}1 & 0\\0 & 2\end{pmatrix}\begin{pmatrix}0\\0\end{pmatrix}+\begin{pmatrix}0\\0\end{pmatrix}=\begin{pmatrix}0\\0\end{pmatrix}+\begin{pmatrix}0\\0\end{pmatrix}=\begin{pmatrix}0\\0\end{pmatrix}$

$O_{12}B_1-3O_{12}=(0 \quad 0)\begin{pmatrix}-2 & 0\\0 & 1\end{pmatrix}-3(0 \quad 0)=(0 \quad 0)-(0 \quad 0)=(0 \quad 0)$

$O_{12}O_{21}-3=(0 \quad 0)\begin{pmatrix}0\\0\end{pmatrix}-3=0-3=-3$

よって，$AB=\begin{pmatrix}-2 & 0 & 0\\0 & 2 & 0\\0 & 0 & -3\end{pmatrix}$. 通常の方法で計算しても答えは同じになる.

問 1・29 たとえば,

④ Aの第1列と第2列を入れかえると，$\begin{pmatrix}b & a & c\\e & d & f\\h & g & i\end{pmatrix}$

⑤ Aの第1列を$\dfrac{1}{6}$倍すると，$\begin{pmatrix}\frac{a}{6} & b & c\\\frac{d}{6} & e & f\\\frac{g}{6} & h & i\end{pmatrix}$

⑥ Aの第3列に，第1列の-2倍を加えると，$\begin{pmatrix}a & b & c-2a\\d & e & f-2d\\g & h & i-2g\end{pmatrix}$

問 1・30 $F_{n,n}(n)$はn次正方行列であり，n個の対角成分がすべて1だから，単位行列E_nに等しい.

問 1・31　(1) 2　　(2) $E_3 = \begin{pmatrix} 1 & 0 & 0 \\ 0 & 1 & 0 \\ 0 & 0 & 1 \end{pmatrix}$ より，階数は 3

(3) 1　　(4) $O_{33} = \begin{pmatrix} 0 & 0 & 0 \\ 0 & 0 & 0 \\ 0 & 0 & 0 \end{pmatrix}$ より，階数は 0

問 1・32　(1) $\begin{pmatrix} -1 & -1 & -1 \\ 2 & 1 & -1 \\ -1 & 1 & 3 \end{pmatrix} \xrightarrow{❶} \begin{pmatrix} 1 & 1 & 1 \\ 2 & 1 & -1 \\ -1 & 1 & 3 \end{pmatrix} \xrightarrow{❷} \begin{pmatrix} 1 & 1 & 1 \\ 0 & -1 & -3 \\ 0 & 2 & 4 \end{pmatrix}$

$\xrightarrow{❸} \begin{pmatrix} 1 & 1 & 1 \\ 0 & 1 & 3 \\ 0 & 2 & 4 \end{pmatrix} \xrightarrow{❹} \begin{pmatrix} 1 & 0 & -2 \\ 0 & 1 & 3 \\ 0 & 0 & -2 \end{pmatrix} \xrightarrow{❺} \begin{pmatrix} 1 & 0 & -2 \\ 0 & 1 & 3 \\ 0 & 0 & 1 \end{pmatrix}$

$\xrightarrow{❻} \begin{pmatrix} 1 & 0 & 0 \\ 0 & 1 & 0 \\ 0 & 0 & 1 \end{pmatrix}$

❶ 第 1 行を -1 倍する．
❷ 第 2 行に第 1 行の -2 倍を加える．
　第 3 行に第 1 行の 1 倍を加える．
❸ 第 2 行を -1 倍する．
❹ 第 1 行に第 2 行の -1 倍を加える．
　第 3 行に第 2 行の -2 倍を加える．
❺ 第 3 行を $-\frac{1}{2}$ 倍する．
❻ 第 1 行に第 3 行の 2 倍を加える．
　第 2 行に第 3 行の -3 倍を加える．

以上より，階数は 3.

(2) $\begin{pmatrix} 6 & 4 & 8 \\ 1 & 2 & 0 \\ 2 & 1 & 5 \end{pmatrix} \xrightarrow{❶} \begin{pmatrix} 1 & \frac{2}{3} & \frac{4}{3} \\ 1 & 2 & 0 \\ 2 & 1 & 5 \end{pmatrix} \xrightarrow{❷} \begin{pmatrix} 1 & \frac{2}{3} & \frac{4}{3} \\ 0 & \frac{4}{3} & -\frac{4}{3} \\ 0 & -\frac{1}{3} & \frac{7}{3} \end{pmatrix}$

$\xrightarrow{❸} \begin{pmatrix} 1 & \frac{2}{3} & \frac{4}{3} \\ 0 & 1 & -1 \\ 0 & -\frac{1}{3} & \frac{7}{3} \end{pmatrix} \xrightarrow{❹} \begin{pmatrix} 1 & 0 & 2 \\ 0 & 1 & -1 \\ 0 & 0 & 2 \end{pmatrix} \xrightarrow{❺}$

$$\begin{pmatrix}1&0&2\\0&1&-1\\0&0&1\end{pmatrix}\xrightarrow{❻}\begin{pmatrix}1&0&0\\0&1&0\\0&0&1\end{pmatrix}$$

❶ 第1行を $\frac{1}{6}$ 倍する.

❷ 第2行に第1行の−1倍を加える.

第3行に第1行の−2倍を加える.

❸ 第2行を $\frac{3}{4}$ 倍する.

❹ 第1行に第2行の $-\frac{2}{3}$ 倍を加える.

第3行に第2行の $\frac{1}{3}$ 倍を加える.

❺ 第3行を $\frac{1}{2}$ 倍する.

❻ 第1行に第3行の−2倍を加える.

第2行に第3行の1倍を加える.

以上より，階数は3.

問 1・33 (1) 第2列の対角成分を1にしようとしても，基本変形の ② が適用できない（∵ 0にどんな数を掛けても1にすることはできない）. そこで，掃き出し法の手順 ⑥ に従って，第2行と第3行を入れかえると，

$$\begin{pmatrix}1&2&3\\0&0&1\\0&1&3\end{pmatrix}\to\begin{pmatrix}1&2&3\\0&1&3\\0&0&1\end{pmatrix}\to\begin{pmatrix}1&0&-3\\0&1&3\\0&0&1\end{pmatrix}\to\begin{pmatrix}1&0&0\\0&1&0\\0&0&1\end{pmatrix}$$

と変形できる. ゆえに，階数は3.

(2) 第2列の対角成分が0であり，その下の$(3,2)$成分も0である. そこで，掃き出し法の手順 ⑦ に従って，第2列と第3列を入れかえると，

$$\begin{pmatrix}1&2&-1\\0&0&3\\0&0&1\end{pmatrix}\to\begin{pmatrix}1&-1&2\\0&3&0\\0&1&0\end{pmatrix}\to\begin{pmatrix}1&-1&2\\0&1&0\\0&1&0\end{pmatrix}\to\begin{pmatrix}1&0&2\\0&1&0\\0&0&0\end{pmatrix}$$

と変形される. つぎに，第3列に移ると，対角成分が0であり，下の行や右の列は存在しないため，掃き出し法の手順 ⑧ に従って，第3列に第1列の−2倍を加えると，$F_{3,3}(2)$が得られる. ゆえに，階数は2.

(3) 第3列の対角成分が0であり，これよりも下の行や右の列は存在しない. このため，掃き出し法の手順 ⑧ に従って，第3列に第1列の1倍と第2列の−2倍を加えると，$F_{3,3}(2)$が得られる. ゆえに，階数は2.

問 1・34 (1) $\begin{pmatrix} 2 & 4 & 6 & 8 \\ 5 & 7 & 9 & 11 \\ -1 & 2 & 5 & 8 \end{pmatrix} \xrightarrow{❶} \begin{pmatrix} 1 & 2 & 3 & 4 \\ 5 & 7 & 9 & 11 \\ -1 & 2 & 5 & 8 \end{pmatrix} \xrightarrow{❷}$

$\begin{pmatrix} 1 & 2 & 3 & 4 \\ 0 & -3 & -6 & -9 \\ 0 & 4 & 8 & 12 \end{pmatrix} \xrightarrow{❸} \begin{pmatrix} 1 & 2 & 3 & 4 \\ 0 & 1 & 2 & 3 \\ 0 & 4 & 8 & 12 \end{pmatrix} \xrightarrow{❹}$

$\begin{pmatrix} 1 & 0 & -1 & -2 \\ 0 & 1 & 2 & 3 \\ 0 & 0 & 0 & 0 \end{pmatrix} \xrightarrow{❺} \begin{pmatrix} 1 & 0 & 0 & -2 \\ 0 & 1 & 0 & 3 \\ 0 & 0 & 0 & 0 \end{pmatrix} \xrightarrow{❻} \begin{pmatrix} 1 & 0 & 0 & 0 \\ 0 & 1 & 0 & 0 \\ 0 & 0 & 0 & 0 \end{pmatrix}$

❶ 第 1 行を $\frac{1}{2}$ 倍する.

❷ 第 2 行に第 1 行の −5 倍を加える.
　第 3 行に第 1 行の 1 倍を加える.

❸ 第 2 行を $-\frac{1}{3}$ 倍する.

❹ 第 1 行に第 2 行の −2 倍を加える.
　第 3 行に第 2 行の −4 倍を加える.

❺ 第 3 列に第 1 列の 1 倍を加える（問 1・33(3)参照）.
　第 3 列に第 2 列の −2 倍を加える.

❻ 第 4 列に第 1 列の 2 倍を加える.
　第 4 列に第 2 列の −3 倍を加える.

以上より，階数は 2.

(2) $\begin{pmatrix} 1 & 2 & 3 & 3 \\ 2 & 4 & 7 & 6 \\ 3 & 7 & 12 & 10 \end{pmatrix} \xrightarrow{❶} \begin{pmatrix} 1 & 2 & 3 & 3 \\ 0 & 0 & 1 & 0 \\ 0 & 1 & 3 & 1 \end{pmatrix} \xrightarrow{❷}$

$\begin{pmatrix} 1 & 2 & 3 & 3 \\ 0 & 1 & 3 & 1 \\ 0 & 0 & 1 & 0 \end{pmatrix} \xrightarrow{❸} \begin{pmatrix} 1 & 0 & -3 & 1 \\ 0 & 1 & 3 & 1 \\ 0 & 0 & 1 & 0 \end{pmatrix} \xrightarrow{❹}$

$\begin{pmatrix} 1 & 0 & 0 & 1 \\ 0 & 1 & 0 & 1 \\ 0 & 0 & 1 & 0 \end{pmatrix} \xrightarrow{❺} \begin{pmatrix} 1 & 0 & 0 & 0 \\ 0 & 1 & 0 & 0 \\ 0 & 0 & 1 & 0 \end{pmatrix}$

❶ 第 2 行に第 1 行の −2 倍を加える.
　第 3 行に第 1 行の −3 倍を加える.

❷ 第 2 行と第 3 行を入れかえる（問 1・33(1)参照）.

❸ 第1行に第2行の−2倍を加える.

❹ 第1行に第3行の3倍を加える.

第2行に第3行の−3倍を加える.

❺ 第4列に第1列の−1倍を加える.

第4列に第2列の−1倍を加える.

以上より，階数は3.

(3) $\begin{pmatrix} 1 & 2 & 3 & 4 \\ 2 & 5 & 8 & 9 \\ 1 & -1 & -3 & a \end{pmatrix} \xrightarrow{❶} \begin{pmatrix} 1 & 2 & 3 & 4 \\ 0 & 1 & 2 & 1 \\ 0 & -3 & -6 & a-4 \end{pmatrix} \xrightarrow{❷}$

$\begin{pmatrix} 1 & 0 & -1 & 2 \\ 0 & 1 & 2 & 1 \\ 0 & 0 & 0 & a-1 \end{pmatrix}$

❶ 第2行に第1行の−2倍を加える.

第3行に第1行の−1倍を加える.

❷ 第1行に第2行の−2倍を加える.

第3行に第2行の3倍を加える.

(ⅰ) $a=1$のとき，

$\begin{pmatrix} 1 & 0 & -1 & 2 \\ 0 & 1 & 2 & 1 \\ 0 & 0 & 0 & 0 \end{pmatrix} \xrightarrow{❸} \begin{pmatrix} 1 & 0 & 0 & 2 \\ 0 & 1 & 0 & 1 \\ 0 & 0 & 0 & 0 \end{pmatrix} \xrightarrow{❹} \begin{pmatrix} 1 & 0 & 0 & 0 \\ 0 & 1 & 0 & 0 \\ 0 & 0 & 0 & 0 \end{pmatrix}$

❸ 第3列に第1列の1倍を加える.

第3列に第2列の−2倍を加える.

❹ 第4列に第1列の−2倍を加える.

第4列に第2列の−1倍を加える.

ゆえに，階数は2.

(ⅱ) $a \neq 1$のとき，

$\begin{pmatrix} 1 & 0 & -1 & 2 \\ 0 & 1 & 2 & 1 \\ 0 & 0 & 0 & a-1 \end{pmatrix} \xrightarrow{❸'} \begin{pmatrix} 1 & 0 & 2 & -1 \\ 0 & 1 & 1 & 2 \\ 0 & 0 & a-1 & 0 \end{pmatrix} \xrightarrow{❹'}$

$\begin{pmatrix} 1 & 0 & 2 & -1 \\ 0 & 1 & 1 & 2 \\ 0 & 0 & 1 & 0 \end{pmatrix} \xrightarrow{❺} \begin{pmatrix} 1 & 0 & 0 & -1 \\ 0 & 1 & 0 & 2 \\ 0 & 0 & 1 & 0 \end{pmatrix} \xrightarrow{❻} \begin{pmatrix} 1 & 0 & 0 & 0 \\ 0 & 1 & 0 & 0 \\ 0 & 0 & 1 & 0 \end{pmatrix}$

❸′ 第3列と第4列を入れかえる．

❹′ 第4行を $\dfrac{1}{a-1}$ 倍する．

❺ 第1行に第3行の－2倍を加える．

第2行に第3行の－1倍を加える．

❻ 第4列に第1列の1倍を加える．

第4列に第2列の－2倍を加える．

ゆえに，階数は3.

問 1・35 (1) 与えられた行列を A とすると，例題4と同様にして，

$$\begin{pmatrix} 1 & 2 & 3 & 1 & 0 & 0 \\ 3 & 5 & 7 & 0 & 1 & 0 \\ -1 & -2 & -3 & 0 & 0 & 1 \end{pmatrix} \longrightarrow \begin{pmatrix} 1 & 2 & 3 & 1 & 0 & 0 \\ 0 & -1 & -2 & -3 & 1 & 0 \\ 0 & 0 & 0 & 1 & 0 & 1 \end{pmatrix}$$

$$\longrightarrow \begin{pmatrix} 1 & 2 & 3 & 1 & 0 & 0 \\ 0 & 1 & 2 & 3 & -1 & 0 \\ 0 & 0 & 0 & 1 & 0 & 1 \end{pmatrix} \longrightarrow \begin{pmatrix} 1 & 0 & -1 & -5 & 2 & 0 \\ 0 & 1 & 2 & 3 & -1 & 0 \\ 0 & 0 & 0 & 1 & 0 & 1 \end{pmatrix}$$

左半分は，列の基本変形を用いると，

$$\begin{pmatrix} 1 & 0 & -1 \\ 0 & 1 & 2 \\ 0 & 0 & 0 \end{pmatrix} \longrightarrow \begin{pmatrix} 1 & 0 & 0 \\ 0 & 1 & 0 \\ 0 & 0 & 0 \end{pmatrix}$$ と変形できる（問1・33(3)参照）

から，$\operatorname{rank} A = 2$. ゆえに A^{-1} は存在しない．

(2) $$\begin{pmatrix} a & 0 & 0 & 1 & 0 & 0 \\ 0 & b & 0 & 0 & 1 & 0 \\ 0 & 0 & c & 0 & 0 & 1 \end{pmatrix} \xrightarrow{❶} \begin{pmatrix} 1 & 0 & 0 & \frac{1}{a} & 0 & 0 \\ 0 & b & 0 & 0 & 1 & 0 \\ 0 & 0 & c & 0 & 0 & 1 \end{pmatrix} \xrightarrow{❷}$$

$$\begin{pmatrix} 1 & 0 & 0 & \frac{1}{a} & 0 & 0 \\ 0 & 1 & 0 & 0 & \frac{1}{b} & 0 \\ 0 & 0 & c & 0 & 0 & 1 \end{pmatrix} \xrightarrow{❸} \begin{pmatrix} 1 & 0 & 0 & \frac{1}{a} & 0 & 0 \\ 0 & 1 & 0 & 0 & \frac{1}{b} & 0 \\ 0 & 0 & 1 & 0 & 0 & \frac{1}{c} \end{pmatrix}$$

❶ 第1行を $\dfrac{1}{a}$ 倍する（$a \neq 0$ より）．

❷ 第2行を $\dfrac{1}{b}$ 倍する（$b \neq 0$ より）．

❸ 第3行を $\dfrac{1}{c}$ 倍する（$c \neq 0$ より）．

ゆえに，$\begin{pmatrix} a & 0 & 0 \\ 0 & b & 0 \\ 0 & 0 & c \end{pmatrix}^{-1} = \begin{pmatrix} \frac{1}{a} & 0 & 0 \\ 0 & \frac{1}{b} & 0 \\ 0 & 0 & \frac{1}{c} \end{pmatrix}$

問 1・36 (1) 問 1・34(2)より，$\begin{pmatrix} 1 & 2 & 3 & 3 \\ 2 & 4 & 7 & 6 \\ 3 & 7 & 12 & 10 \end{pmatrix} \longrightarrow \cdots \xrightarrow{❹}$

$\begin{pmatrix} 1 & 0 & 0 & 1 \\ 0 & 1 & 0 & 1 \\ 0 & 0 & 1 & 0 \end{pmatrix}$だから，$\begin{pmatrix} 1 & 0 & 0 \\ 0 & 1 & 0 \\ 0 & 0 & 1 \end{pmatrix}\begin{pmatrix} x \\ y \\ z \end{pmatrix} = \begin{pmatrix} 1 \\ 1 \\ 0 \end{pmatrix}$すなわち $\begin{cases} x=1 \\ y=1 \\ z=0 \end{cases}$

(2) $\begin{pmatrix} 1 & 2 & -1 & 1 \\ 2 & 4 & 1 & -1 \\ 3 & 6 & -2 & 2 \end{pmatrix} \xrightarrow{❶} \begin{pmatrix} 1 & 2 & -1 & 1 \\ 0 & 0 & 3 & -3 \\ 0 & 0 & 1 & -1 \end{pmatrix}$

❶ 第 2 行に第 1 行の −2 倍を加える．
第 3 行に第 1 行の −3 倍を加える．

ここで，問 1・33(2) と同様に，❷ 第 2 列と第 3 列を入れかえると，

$\xrightarrow{❷} \begin{pmatrix} 1 & -1 & 2 & 1 \\ 0 & 3 & 0 & -3 \\ 0 & 1 & 0 & -1 \end{pmatrix}$となるが，これは，$y$の項と$z$の項の順番を入れかえて，

$\begin{pmatrix} 1 & 2 & -1 \\ 0 & 0 & 3 \\ 0 & 0 & 1 \end{pmatrix}\begin{pmatrix} x \\ y \\ z \end{pmatrix} = \begin{pmatrix} 1 \\ -3 \\ -1 \end{pmatrix}$ を $\begin{pmatrix} 1 & -1 & 2 \\ 0 & 3 & 0 \\ 0 & 1 & 0 \end{pmatrix}\begin{pmatrix} x \\ z \\ y \end{pmatrix} = \begin{pmatrix} 1 \\ -3 \\ -1 \end{pmatrix}$

と変形したことに対応する．以降は掃き出し法の手順に従って，

$\xrightarrow{❸} \begin{pmatrix} 1 & -1 & 2 & 1 \\ 0 & 1 & 0 & -1 \\ 0 & 1 & 0 & -1 \end{pmatrix} \xrightarrow{❹} \begin{pmatrix} 1 & 0 & 2 & 0 \\ 0 & 1 & 0 & -1 \\ 0 & 0 & 0 & 0 \end{pmatrix}$

❸ 第 2 行を $\frac{1}{3}$ 倍する．
❹ 第 1 行に第 2 行の 1 倍を加える．
第 3 行に第 2 行の −1 倍を加える．

となり，$\begin{pmatrix} 1 & 0 & 2 \\ 0 & 1 & 0 \\ 0 & 0 & 0 \end{pmatrix}\begin{pmatrix} x \\ z \\ y \end{pmatrix} = \begin{pmatrix} 0 \\ -1 \\ 0 \end{pmatrix}$すなわち $\begin{cases} x+2y=0 \\ z=-1 \\ 0=0 \end{cases}$ と変形できる．

そこで，t を任意定数として，$y=t$ と表すと，$x=-2t$ となる．

以上をまとめて，$\begin{pmatrix} x \\ y \\ z \end{pmatrix} = t\begin{pmatrix} -2 \\ 1 \\ 0 \end{pmatrix} + \begin{pmatrix} 0 \\ 0 \\ -1 \end{pmatrix}$

問 1・37　(1) $\begin{pmatrix} a & b & c \\ d & e & f \\ g & h & i \end{pmatrix}\begin{pmatrix} 0 & 1 & 0 \\ 1 & 0 & 0 \\ 0 & 0 & 1 \end{pmatrix} = \begin{pmatrix} b & a & c \\ e & d & f \\ h & g & i \end{pmatrix}$ より，A の第1列と第2列を入れかえる（基本変形の ④）．

(2) $\begin{pmatrix} a & b & c \\ d & e & f \\ g & h & i \end{pmatrix}\begin{pmatrix} 1 & 0 & 0 \\ 0 & 5 & 0 \\ 0 & 0 & 1 \end{pmatrix} = \begin{pmatrix} a & 5b & c \\ d & 5e & f \\ g & 5h & i \end{pmatrix}$ より，A の第2列を5倍する（基本変形の ⑤）．

(3) $\begin{pmatrix} a & b & c \\ d & e & f \\ g & h & i \end{pmatrix}\begin{pmatrix} 1 & 5 & 0 \\ 0 & 1 & 0 \\ 0 & 0 & 1 \end{pmatrix} = \begin{pmatrix} a & 5a+b & c \\ d & 5d+e & f \\ g & 5g+h & i \end{pmatrix}$ より，A の第2列に第1列の5倍を加える（基本変形の ⑥）．

問 1・38　$m \times n$ 型行列 A の左から掛ける基本行列は，$m \times m$ 型（m 次正方行列）である．このとき積は $m \times n$ 型行列であり，A と同じ型となる．
同様に，A の右から掛ける基本行列は，$n \times n$ 型（n 次正方行列）で，積は A と同じ型である．

問 1・39　(1) $F_3(2,3) = \begin{pmatrix} 1 & 0 & 0 \\ 0 & 0 & 1 \\ 0 & 1 & 0 \end{pmatrix}$　(2) $G_3\left(1;\frac{1}{6}\right) = \begin{pmatrix} \frac{1}{6} & 0 & 0 \\ 0 & 1 & 0 \\ 0 & 0 & 1 \end{pmatrix}$

(3) $H_3(3,1;-2) = \begin{pmatrix} 1 & 0 & 0 \\ 0 & 1 & 0 \\ -2 & 0 & 1 \end{pmatrix}$　(4) $F_3(2,3) = \begin{pmatrix} 1 & 0 & 0 \\ 0 & 0 & 1 \\ 0 & 1 & 0 \end{pmatrix}$

(5) $H_3(1,3;1) = \begin{pmatrix} 1 & 0 & 1 \\ 0 & 1 & 0 \\ 0 & 0 & 1 \end{pmatrix}$

問 1・40　(1) 第1行と第2行を入れかえる：$F(1,2)^{-1} = F(1,2)$
(2) 第3行に第1行の2倍を加える：$H(3,1;-2)^{-1} = H(3,1;2)$
(3) 第2列と第3列を入れかえる：$F(2,3)^{-1} = F(2,3)$
(4) 第3列に第1列の-1倍を加える：$H(1,3;1)^{-1} = H(1,3;-1)$

問 1・41 $G(2;5)=P$，$F(1,2)=Q$ とおくと，P,Q は正則だから，$(PQ)^{-1}=Q^{-1}P^{-1}$（問 1・19）．また問 1・40 と同様に考えて，$P^{-1}=G\left(2;\frac{1}{5}\right)$，$Q^{-1}=F(1,2)$ だから，与式が成り立つ．

与式は，“第 1 行と第 2 行を入れかえたのち，第 2 行を 5 倍する”変形が，“第 2 行を $\frac{1}{5}$ 倍したのち，第 1 行と第 2 行を入れかえる”変形と，逆の関係にあることを表している．

問 1・42 区分けにより，$F_{nn}(r)=\begin{pmatrix} E_r & O \\ O & O \end{pmatrix}$ と表すことができる．同様の区分けにより，任意の n 次正方行列を $\begin{pmatrix} A & B \\ C & D \end{pmatrix}$ と表すと，$F_{nn}(r)$ との積は

$$\begin{pmatrix} A & B \\ C & D \end{pmatrix}\begin{pmatrix} E_r & O \\ O & O \end{pmatrix}=\begin{pmatrix} A & O \\ C & O \end{pmatrix}$$

より，単位行列 E_n にならない．したがって，$F_{nn}(r)$ の逆行列は存在しない．

問 1・43 左基本変形 $P_1, P_2, \cdots, P_l$ および右基本変形 $Q_1, Q_2, \cdots, Q_m$ により，標準形 $F_{nn}(r)$ が得られたとすると，

$$P_l \cdots P_2 P_1 A Q_1 Q_2 \cdots Q_m = F_{nn}(r)$$

が成り立つ．ここで A および基本行列は正則だから左辺は正則である．階数の定義より $r \leq n$ であるが，$r<n$ とすると前問の結果より，右辺は正則でなくなり矛盾する．したがって $r=n$ となり，題意が証明された．

■ 発展 ■ 例題 7 の脚注と本問の結果を合せると，

$$n \text{ 次正方行列 } A \text{ が正則} \iff \operatorname{rank} A = n$$

がいえる．

第 2 章

問 2・1 bfg: $\begin{pmatrix} 1 & 2 & 3 \\ 2 & 3 & 1 \end{pmatrix}$，$cdh$: $\begin{pmatrix} 1 & 2 & 3 \\ 3 & 1 & 2 \end{pmatrix}$，

afh: $\begin{pmatrix} 1 & 2 & 3 \\ 1 & 3 & 2 \end{pmatrix}$，$bdi$: $\begin{pmatrix} 1 & 2 & 3 \\ 2 & 1 & 3 \end{pmatrix}$，$ceg$: $\begin{pmatrix} 1 & 2 & 3 \\ 3 & 2 & 1 \end{pmatrix}$

問 2・2 (1)
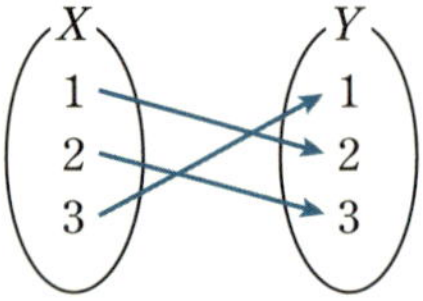

(2)
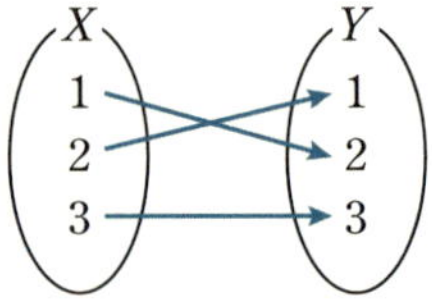

問 2・3 集合 X の 1 の対応先を，集合 Y の要素から選ぶ方法は 3 通り．
集合 X の 2 の対応先は，集合 Y の残りの要素から選ぶので 2 通り．
集合 X の 3 の対応先は，自動的に決まるので 1 通り．
よって集合 X の要素の対応先の選び方は，全部で $3\times2\times1=3!$ 通り．
ゆえに，置換の総数は $3!=6$ 個となる．

問 2・4 (1) $\sigma(1)=1,\ \sigma(2)=2,\ \sigma(3)=3$

(2) $\sigma(1)=4-1=3,\ \sigma(2)=4-2=2,\ \sigma(3)=4-3=1$ より，

$$\sigma=\begin{pmatrix}1&2&3\\3&2&1\end{pmatrix}$$

問 2・5 (1) $1\to3\to2\to1$ より，$(1,3,2)$

(2) $(1,2,3)=\begin{pmatrix}1&2&3\\2&3&1\end{pmatrix}$，$(3,1,2)=\begin{pmatrix}3&1&2\\1&2&3\end{pmatrix}$ より，要素間の縦の並びに注目すると，両者は同じ置換を表している．

問 2・6 (1) $\begin{pmatrix}1&2&3\\3&1&2\end{pmatrix}=(1,3,2)$ より互換ではない．

(2) $\begin{pmatrix}1&2&3\\3&2&1\end{pmatrix}=(1,3)$ より互換．

(3) $\begin{pmatrix}2&1&3\\3&1&2\end{pmatrix}=(2,3)$ より互換．

問 2・7

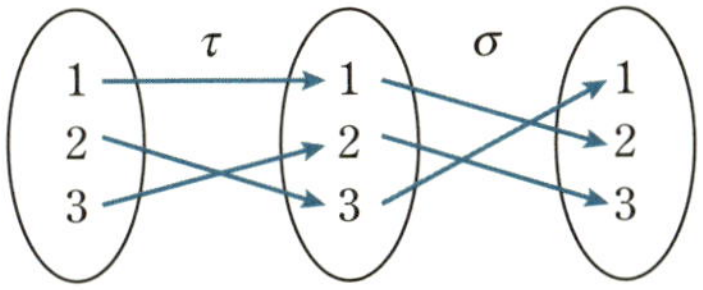

図より，$\sigma\tau=\begin{pmatrix}1&2&3\\2&1&3\end{pmatrix}$

問 2・8 $\tau=\begin{pmatrix}1&2&3\\1&3&2\end{pmatrix}$ の表記の上下の要素を入れかえて，

$$\tau^{-1}=\begin{pmatrix}1&3&2\\1&2&3\end{pmatrix}=\begin{pmatrix}1&2&3\\1&3&2\end{pmatrix}$$

■注意■ $\tau=(2,3)$ は互換なので，逆置換は自分自身となる．したがって $\tau^{-1}=\tau$

問 2・9 恒等置換を ι で表すと，$(\sigma^{-1}\tau^{-1})(\tau\sigma)=\sigma^{-1}(\tau^{-1}\tau)\sigma=\sigma^{-1}\iota\sigma=\sigma^{-1}\sigma=\iota$ より，$\sigma^{-1}\tau^{-1}$ は $\tau\sigma$ の逆置換である．

問 2・10　たとえば，例題8のような5次の置換では，任意の要素から出発しても必ず5回以内にはもとの要素に戻る．なぜならば，要素の総数は全部で5個なので，もし $1 \xrightarrow{\sigma} 2 \xrightarrow{\sigma} \cdots$ などで5回以内にもとに戻らないとすると，その間に2回以上登場する要素が存在するということになり，σ が全単射であることに矛盾するからである．

問 2・11　問2・9より，$(\sigma_1\sigma_2\cdots\sigma_n)^{-1} = \sigma_n{}^{-1}\cdots\sigma_2{}^{-1}\sigma_1{}^{-1}$ が成り立つ．

いま σ が n 個の互換 $\tau_1, \tau_2, \cdots, \tau_n$ の積として，$\sigma = \tau_1\tau_2\cdots\tau_n$ で表されるとき，

$$\sigma^{-1} = \tau_n{}^{-1}\cdots\tau_2{}^{-1}\tau_1{}^{-1}$$

となる．互換の逆置換も互換なので，$\tau_1{}^{-1}, \tau_2{}^{-1}, \cdots, \tau_n{}^{-1}$ はやはり互換となる．したがって，σ^{-1} も n 個の互換の積で表されるので，σ と σ^{-1} は符号が等しい．

問 2・12　問2・1の結果を参照すると，

$\sigma_2 = \begin{pmatrix} 1 & 2 & 3 \\ 2 & 3 & 1 \end{pmatrix} = (1,2,3) = (1,3)(1,2)$ は偶置換．したがって bfg の符号は正．

$\sigma_3 = \begin{pmatrix} 1 & 2 & 3 \\ 3 & 1 & 2 \end{pmatrix} = (1,3,2) = (1,2)(1,3)$ は偶置換．したがって cdh の符号は正．

$\sigma_4 = \begin{pmatrix} 1 & 2 & 3 \\ 1 & 3 & 2 \end{pmatrix} = (2,3)$ は奇置換．したがって afh の符号は負．

$\sigma_5 = \begin{pmatrix} 1 & 2 & 3 \\ 2 & 1 & 3 \end{pmatrix} = (1,2)$ は奇置換．したがって bdi の符号は負．

$\sigma_6 = \begin{pmatrix} 1 & 2 & 3 \\ 3 & 2 & 1 \end{pmatrix} = (1,3)$ は奇置換．したがって ceg の符号は負．

問 2・13　第1行の成分は，a_1 以外は0なので，第1列から選ぶ．

すると，第2行の成分は，第1列以外から選ぶことになるが，a_2 以外は0なので，第2列から選ぶ．

同様に，第3行の成分は，第3列以降から選ぶことになるが，a_3 以外は0なので，第3列から選ぶ．

以降，第 i 行の成分は第 i 列から選ぶことになるので，行列式は $a_1a_2\cdots a_n$ となる．

問 2・14　項 afh に対応する置換は，$\begin{pmatrix} 1 & 2 & 3 \\ 1 & 3 & 2 \end{pmatrix}$

行の番号と列の番号を入れかえることは，置換の表記で上と下を入れかえることに相当するから，$\begin{pmatrix} 1 & 3 & 2 \\ 1 & 2 & 3 \end{pmatrix}$．これはもとの置換の逆置換に他ならない．

問 2・15 ❸の左辺は，転置不変性より，$\begin{vmatrix} a & b & c \\ d & e & f \\ g & h & i \end{vmatrix} = \begin{vmatrix} a & d & g \\ b & e & h \\ c & f & i \end{vmatrix}$

❸の右辺は，転置不変性より，$-\begin{vmatrix} b & a & c \\ e & d & f \\ h & g & i \end{vmatrix} = -\begin{vmatrix} b & e & h \\ a & d & g \\ c & f & i \end{vmatrix}$

一方，行に関する交代性より，$\begin{vmatrix} a & d & g \\ b & e & h \\ c & f & i \end{vmatrix} = -\begin{vmatrix} b & e & h \\ a & d & g \\ c & f & i \end{vmatrix}$

ゆえに，列に関する交代性を示す❸が成り立つ．

問 2・16 $\begin{vmatrix} 2a & 2b & 2c \\ 2d & 2e & 2f \\ 2g & 2h & 2i \end{vmatrix} = 2\begin{vmatrix} a & b & c \\ 2d & 2e & 2f \\ 2g & 2h & 2i \end{vmatrix}$

$\begin{vmatrix} a & b & c \\ 2d & 2e & 2f \\ 2g & 2h & 2i \end{vmatrix} = 2\begin{vmatrix} a & b & c \\ d & e & f \\ 2g & 2h & 2i \end{vmatrix}$

$\begin{vmatrix} a & b & c \\ d & e & f \\ 2g & 2h & 2i \end{vmatrix} = 2\begin{vmatrix} a & b & c \\ d & e & f \\ g & h & i \end{vmatrix}$

より与式が成り立つ．

問 2・17 $A = \begin{pmatrix} a & b \\ c & d \end{pmatrix}$，$B = \begin{pmatrix} p & q \\ r & s \end{pmatrix}$とすると，$AB = \begin{pmatrix} ap+br & aq+bs \\ cp+dr & cq+ds \end{pmatrix}$．

$|AB| = (ap+br)(cq+ds) - (aq+bs)(cp+dr) = adps + bcqr - adqr - bcps$
$\quad = (ad-bc)(ps-qr) = |A||B|$

問 2・18 数学的帰納法により示す．

まず$n=1$のとき，❽は成り立つ．

つぎに，$n=k$のとき❽が成り立つと仮定すると，$|A^k| = |A|^k$．

❼で$B=A^k$のとき，$|AA^k| = |A||A^k|$．ここで左辺は$|A^{k+1}|$に等しく，右辺は仮定により，$|A||A|^k$だから，$|A^{k+1}| = |A|^{k+1}$となり，$n=k+1$のときも❽が成り立つ．

以上より，任意の自然数nについて❽が成り立つ．

問 2・19 ❶の右辺 $= 1\times(5\cdot9-6\cdot8)+2\times(-1)\times(4\cdot9-6\cdot7)+3\times(4\cdot8-5\cdot7)$
$= 0$

問 2・20 第2行に関する余因子展開:

$$|A| = a_{21}\tilde{a}_{21} + a_{22}\tilde{a}_{22} + a_{23}\tilde{a}_{23}$$

$$= 4\times(-1)^{2+1}\times\begin{vmatrix}2 & 3\\8 & 9\end{vmatrix} + 5\times(-1)^{2+2}\times\begin{vmatrix}1 & 3\\7 & 9\end{vmatrix} + 6\times(-1)^{2+3}\times\begin{vmatrix}1 & 2\\7 & 8\end{vmatrix}$$

$$= 4\times(-1)\times(2\cdot9-3\cdot8) + 5\times(1\cdot9-3\cdot7) + 6\times(-1)\times(1\cdot8-2\cdot7) = 0$$

第3行に関する余因子展開:

$$|A| = a_{31}\tilde{a}_{31} + a_{32}\tilde{a}_{32} + a_{33}\tilde{a}_{33}$$

$$= 7\times(-1)^{3+1}\times\begin{vmatrix}2 & 3\\5 & 6\end{vmatrix} + 8\times(-1)^{3+2}\times\begin{vmatrix}1 & 3\\4 & 6\end{vmatrix} + 9\times(-1)^{3+3}\times\begin{vmatrix}1 & 2\\4 & 5\end{vmatrix}$$

$$= 7\times(2\cdot6-3\cdot5) + 8\times(-1)\times(1\cdot6-3\cdot4) + 9\times(1\cdot5-2\cdot4) = 0$$

問 2・21 第4行に関して余因子展開すると,

$$\begin{vmatrix}0 & 1 & 2 & 3\\1 & 2 & 3 & 4\\4 & 3 & 2 & 1\\0 & -1 & 0 & 0\end{vmatrix} = -1\times(-1)^{4+2}\times\begin{vmatrix}0 & 2 & 3\\1 & 3 & 4\\4 & 2 & 1\end{vmatrix}$$

さらに第1行に関して余因子展開すると,

$$\begin{vmatrix}0 & 2 & 3\\1 & 3 & 4\\4 & 2 & 1\end{vmatrix} = 2\times(-1)^{1+2}\times\begin{vmatrix}1 & 4\\4 & 1\end{vmatrix} + 3\times(-1)^{1+3}\times\begin{vmatrix}1 & 3\\4 & 2\end{vmatrix} = 0 \text{ より},$$

求める値は, $-1\times(-1)^6\times0 = 0$

■補足■ 成分に0を多く含む行に関して余因子展開すると, 計算量を減らすことができる.

問 2・22 $\tilde{A} = \begin{pmatrix}\tilde{a}_{11} & \tilde{a}_{21} & \tilde{a}_{31}\\\tilde{a}_{12} & \tilde{a}_{22} & \tilde{a}_{32}\\\tilde{a}_{13} & \tilde{a}_{23} & \tilde{a}_{33}\end{pmatrix}$

$$= \begin{pmatrix} (-1)^{1+1}\times\begin{vmatrix}e & f\\h & i\end{vmatrix} & (-1)^{2+1}\times\begin{vmatrix}b & c\\h & i\end{vmatrix} & (-1)^{3+1}\times\begin{vmatrix}b & c\\e & f\end{vmatrix}\\ (-1)^{1+2}\times\begin{vmatrix}d & f\\g & i\end{vmatrix} & (-1)^{2+2}\times\begin{vmatrix}a & c\\g & i\end{vmatrix} & (-1)^{3+2}\times\begin{vmatrix}a & c\\d & f\end{vmatrix}\\ (-1)^{1+3}\times\begin{vmatrix}d & e\\g & h\end{vmatrix} & (-1)^{2+3}\times\begin{vmatrix}a & b\\g & h\end{vmatrix} & (-1)^{3+3}\times\begin{vmatrix}a & b\\d & e\end{vmatrix} \end{pmatrix}$$

$$= \begin{pmatrix} ei-fh & ch-bi & bf-ce\\ fg-di & ai-cg & cd-af\\ dh-eg & bg-ah & ae-bd \end{pmatrix}$$

問 2・23 与式は $\begin{pmatrix}1 & -2\\2 & 5\end{pmatrix}\begin{pmatrix}x\\y\end{pmatrix}=\begin{pmatrix}-3\\9\end{pmatrix}$ で，$\begin{vmatrix}1 & -2\\2 & 5\end{vmatrix}=9\neq 0$ より，

$$\begin{pmatrix}x\\y\end{pmatrix}=\begin{pmatrix}1 & -2\\2 & 5\end{pmatrix}^{-1}\begin{pmatrix}-3\\9\end{pmatrix}=\frac{1}{9}\begin{pmatrix}5 & 2\\-2 & 1\end{pmatrix}\begin{pmatrix}-3\\9\end{pmatrix}=\frac{1}{3}\begin{pmatrix}1\\5\end{pmatrix}$$

問 2・24 $x=\dfrac{\begin{vmatrix}l & b & c\\m & e & f\\n & h & i\end{vmatrix}}{\begin{vmatrix}a & b & c\\d & e & f\\g & h & i\end{vmatrix}},\quad y=\dfrac{\begin{vmatrix}a & l & c\\d & m & f\\g & n & i\end{vmatrix}}{\begin{vmatrix}a & b & c\\d & e & f\\g & h & i\end{vmatrix}},\quad z=\dfrac{\begin{vmatrix}a & b & l\\d & e & m\\g & h & n\end{vmatrix}}{\begin{vmatrix}a & b & c\\d & e & f\\g & h & i\end{vmatrix}}$

第3章

問 3・1 多項式どうしの和や，多項式の定数倍もやはり多項式であり，和の結合・交換法則や分配法則もそのまま成立する．したがって，多項式全体から成る集合は，線形空間である．

■補足■ $P(x)=0$（定数関数）が零ベクトルに，$-P(x)$が逆ベクトルに相当する．

問 3・2 $k_1\boldsymbol{a}_1+k_2\boldsymbol{a}_2+\cdots+k_n\boldsymbol{a}_n=l_1\boldsymbol{a}_1+l_2\boldsymbol{a}_2+\cdots+l_n\boldsymbol{a}_n$ を変形すると，

$(k_1-l_1)\boldsymbol{a}_1+(k_2-l_2)\boldsymbol{a}_2+\cdots+(k_n-l_n)\boldsymbol{a}_n=\boldsymbol{o}$

よって，例題 10 の結果より，$k_1-l_1=k_2-l_2=\cdots=k_n-l_n=0$

ゆえに，$k_1=l_1, k_2=l_2, \cdots, k_n=l_n$ が成り立つ．

■注意■ 本問の結果より，任意のベクトルを線型独立なベクトル $\boldsymbol{a}_1, \boldsymbol{a}_2, \cdots, \boldsymbol{a}_n$ の線形結合で表す表し方は，1通りに限られることがわかる．

問 3・3 (1) $\boldsymbol{x}=\begin{pmatrix}2\\3\end{pmatrix}$ (2) $\boldsymbol{x}=\begin{pmatrix}3\\2\end{pmatrix}$

問 3・4 (1) $P(x)=\begin{pmatrix}5\\-1\\3\\-1\end{pmatrix}$ (2) $P(x)=\begin{pmatrix}-4\\0\\1\\0\end{pmatrix}$

■補足■ $1=x^0, x^1, x^2, x^3$ は，互いに他の線形結合で表されないから，線形独立である．したがって，3 次以下の多項式全体からなる集合は，4 次元である．

問 3・5 $\boldsymbol{x}=x_1\boldsymbol{a}_1+x_2\boldsymbol{a}_2+\cdots+x_n\boldsymbol{a}_n,\quad \boldsymbol{y}=y_1\boldsymbol{a}_1+y_2\boldsymbol{a}_2+\cdots+y_n\boldsymbol{a}_n$ より，

$\boldsymbol{x}+\boldsymbol{y}=(x_1+y_1)\boldsymbol{a}_1+(x_2+y_2)\boldsymbol{a}_2+\cdots+(x_n+y_n)\boldsymbol{a}_n,$

$k\boldsymbol{x}=kx_1\boldsymbol{a}_1+kx_2\boldsymbol{a}_2+\cdots+kx_n\boldsymbol{a}_n$

したがって，$\boldsymbol{x}+\boldsymbol{y}=\begin{pmatrix} x_1+y_1 \\ x_2+y_2 \\ \vdots \\ x_n+y_1 \end{pmatrix}$，　$k\boldsymbol{x}=\begin{pmatrix} kx_1 \\ kx_2 \\ \vdots \\ kx_n \end{pmatrix}$と表される．

問 3・6　$k(m\boldsymbol{a}+n\boldsymbol{b})+l\boldsymbol{b}=\boldsymbol{o} \implies k=l=0$を証明すればよい．

$k(m\boldsymbol{a}+n\boldsymbol{b})+l\boldsymbol{b}=\boldsymbol{o}$のとき，$km\boldsymbol{a}+(kn+l)\boldsymbol{b}=\boldsymbol{o}$で，$\boldsymbol{a},\boldsymbol{b}$が線形独立だから，

$km=0$かつ$kn+l=0$が成りたつ．

いま，$m\neq 0$だから，前の式の両辺をmで割って，$k=0$

これを後の式に代入すると，$l=0$

ゆえに，$\implies$ が成り立つ．

問 3・7　$k_1\boldsymbol{e}_1+k_2\boldsymbol{e}_2+\cdots+k_n\boldsymbol{e}_n=\boldsymbol{o} \implies k_1=k_2=\cdots=k_n=0$を証明すればよい．

$k_1\boldsymbol{e}_1+k_2\boldsymbol{e}_2+\cdots+k_n\boldsymbol{e}_n=\boldsymbol{o}$を成分で表すと，

$$k_1\begin{pmatrix} 1 \\ 0 \\ \vdots \\ 0 \end{pmatrix}+k_2\begin{pmatrix} 0 \\ 1 \\ \vdots \\ 0 \end{pmatrix}+\cdots+k_n\begin{pmatrix} 0 \\ 0 \\ \vdots \\ 1 \end{pmatrix}=\begin{pmatrix} 0 \\ 0 \\ \vdots \\ 0 \end{pmatrix}，\text{すなわち，}\begin{cases} k_1=0 \\ k_2=0 \\ \quad\vdots \\ k_n=0 \end{cases}$$

ゆえに，$\implies$ が成り立つ．

問 3・8　$\begin{pmatrix} 1 \\ 0 \end{pmatrix}=\begin{pmatrix} 2 \\ -1 \end{pmatrix}+\begin{pmatrix} -1 \\ 1 \end{pmatrix}$より，

$$A\begin{pmatrix} 1 \\ 0 \end{pmatrix}=A\left\{\begin{pmatrix} 2 \\ -1 \end{pmatrix}+\begin{pmatrix} -1 \\ 1 \end{pmatrix}\right\}=A\begin{pmatrix} 2 \\ -1 \end{pmatrix}+A\begin{pmatrix} -1 \\ 1 \end{pmatrix}=\begin{pmatrix} 5 \\ 0 \end{pmatrix}+\begin{pmatrix} -2 \\ 1 \end{pmatrix}=\begin{pmatrix} 3 \\ 1 \end{pmatrix}$$

したがって，行列Aの第1列は$\begin{pmatrix} 3 \\ 1 \end{pmatrix}$

同様に，$\begin{pmatrix} 0 \\ 1 \end{pmatrix}=\begin{pmatrix} -1 \\ 1 \end{pmatrix}+\begin{pmatrix} 1 \\ 0 \end{pmatrix}$より，

$$A\begin{pmatrix} 0 \\ 1 \end{pmatrix}=A\left\{\begin{pmatrix} -1 \\ 1 \end{pmatrix}+\begin{pmatrix} 1 \\ 0 \end{pmatrix}\right\}=A\begin{pmatrix} -1 \\ 1 \end{pmatrix}+A\begin{pmatrix} 1 \\ 0 \end{pmatrix}=\begin{pmatrix} -2 \\ 1 \end{pmatrix}+\begin{pmatrix} 3 \\ 1 \end{pmatrix}=\begin{pmatrix} 1 \\ 2 \end{pmatrix}$$

したがって，行列Aの第2列は$\begin{pmatrix} 1 \\ 2 \end{pmatrix}$

ゆえに，$A=\begin{pmatrix} 3 & 1 \\ 1 & 2 \end{pmatrix}$

問 3・9

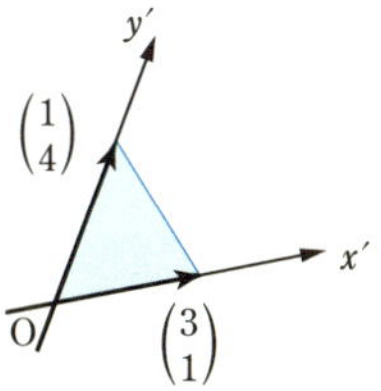

問 3・10　座標平面上の任意の点の位置ベクトルを $\boldsymbol{x}=\begin{pmatrix}x\\y\end{pmatrix}$ とすると，その像は

$$A\boldsymbol{x}=\begin{pmatrix}2&4\\1&2\end{pmatrix}\begin{pmatrix}x\\y\end{pmatrix}=\begin{pmatrix}2x+4y\\x+2y\end{pmatrix}=(x+2y)\begin{pmatrix}2\\1\end{pmatrix} \quad ❶$$

で表される．x, y は任意の値をとるので，❶は，原点を通り，方向ベクトルが $\begin{pmatrix}2\\1\end{pmatrix}$ である直線を表す．

■別解■　標準基底の像が $\begin{pmatrix}2\\1\end{pmatrix}, \begin{pmatrix}4\\2\end{pmatrix}$ だから，任意のベクトル $\begin{pmatrix}x\\y\end{pmatrix}$ の像は，$x\begin{pmatrix}2\\1\end{pmatrix}+y\begin{pmatrix}4\\2\end{pmatrix}$ となる．このとき新たな基底となる $\begin{pmatrix}2\\1\end{pmatrix}, \begin{pmatrix}4\\2\end{pmatrix}$ は平行なので，すべてのベクトルは，$\begin{pmatrix}2\\1\end{pmatrix}$ に平行なベクトルに移る．

■発展1■　行列 A の2個の列ベクトルは線形従属だから，$\mathrm{rank}\,A=1$．一方，❶の直線上の任意の点は，$\begin{pmatrix}2\\1\end{pmatrix}$ という1個の基底により表されるから，この直線の次元は1である．ゆえに，つぎのことがいえる．

行列 A の階数は，A が表す線形変換の値域の次元に等しい

■発展2■　別解にある通り，この変換では，変換後の座標軸が重なって，平面全体がこの直線上に“おしつぶされた”状態になっている．これを**退化**という．

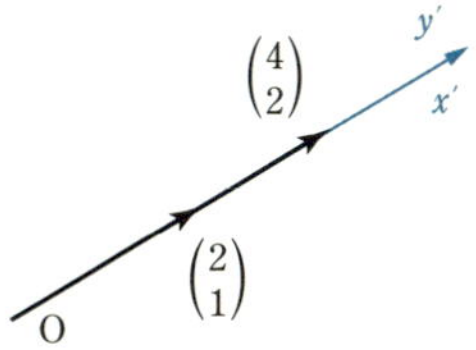

問 3・11　$P=\begin{pmatrix}1&2\\1&-3\end{pmatrix}$ とすると，$P^{-1}AP=\begin{pmatrix}2&0\\0&-3\end{pmatrix}$

問 3・12　$P^{-1}AP=\begin{pmatrix}2&0\\0&-3\end{pmatrix}$ より，$(P^{-1}AP)^n=\begin{pmatrix}2&0\\0&-3\end{pmatrix}^n$

いま，右辺は，問 1・13 の結果より，$\begin{pmatrix} 2 & 0 \\ 0 & -3 \end{pmatrix}^n = \begin{pmatrix} 2^n & 0 \\ 0 & (-3)^n \end{pmatrix}$

左辺は，$(P^{-1}AP)^n = \overbrace{(P^{-1}AP)\ (P^{-1}AP)\ \cdots\ (P^{-1}AP)}^{n\text{ 個}} = P^{-1}A^nP$

したがって，$P^{-1}A^nP = \begin{pmatrix} 2^n & 0 \\ 0 & (-3)^n \end{pmatrix}$が成り立つ．ここで，両辺の左から P,

右からP^{-1}を掛けると，$A^n = P\begin{pmatrix} 2^n & 0 \\ 0 & (-3)^n \end{pmatrix}P^{-1}$だから，

$$A^n = \begin{pmatrix} 1 & 2 \\ 1 & -3 \end{pmatrix}\begin{pmatrix} 2^n & 0 \\ 0 & (-3)^n \end{pmatrix}\frac{1}{5}\begin{pmatrix} 3 & 2 \\ 1 & -1 \end{pmatrix} = \frac{1}{5}\begin{pmatrix} 3\cdot 2^n + 2\cdot(-3)^n & 2^{n+1} - 2\cdot(-3)^n \\ 3\cdot 2^n + (-3)^{n+1} & 2^{n+1} - (-3)^{n+1} \end{pmatrix}$$

となる．

また，$P^{-1}AP = \begin{pmatrix} 2 & 0 \\ 0 & -3 \end{pmatrix}$より，$|P^{-1}AP| = \begin{vmatrix} 2 & 0 \\ 0 & -3 \end{vmatrix}$

いま，右辺は，問 2・13 の結果より，$2\times(-3) = -6$

左辺は，$|P^{-1}AP| = |P^{-1}||A||P| = \dfrac{1}{|P|}|A||P| = |A|$

したがって，$|A| = -6$

問 3・13　$A = \begin{pmatrix} a & b \\ c & d \end{pmatrix}$とすると，$A^2 = \begin{pmatrix} a & b \\ c & d \end{pmatrix}^2 = \begin{pmatrix} a^2+bc & ab+bd \\ ac+cd & bc+d^2 \end{pmatrix}$,

$(a+d)A = \begin{pmatrix} a^2+ad & ab+bd \\ ac+cd & ad+d^2 \end{pmatrix}$だから，

$A^2 - (a+d)A = \begin{pmatrix} bc-ad & 0 \\ 0 & bc-ad \end{pmatrix} = (bc-ad)E$

したがって，$A^2 - (a+d)A + (ad-bc)E = O$ が成り立つ．

問 3・14　ハミルトン・ケーリーの定理より，$A^2 + 2A - E = O$ が成り立つ．

したがって，$A^2 = -2A + E$ だから，

$A^3 = AA^2 = A(-2A+E) = -2A^2 + A = -2(-2A+E) + A = 5A - 2E$

$= 5\begin{pmatrix} 1 & 1 \\ -2 & -3 \end{pmatrix} - 2\begin{pmatrix} 1 & 0 \\ 0 & 1 \end{pmatrix} = \begin{pmatrix} 3 & 5 \\ -10 & -17 \end{pmatrix}$

第 4 章

問 4・1　$A\boldsymbol{x}\cdot\boldsymbol{y} = {}^t(A\boldsymbol{x})\boldsymbol{y} = ({}^t\boldsymbol{x}{}^tA)\boldsymbol{y}$, $\boldsymbol{x}\cdot{}^tA\boldsymbol{y} = {}^t\boldsymbol{x}({}^tA\boldsymbol{y})$ だから，両辺とも ${}^t\boldsymbol{x}{}^tA\boldsymbol{y}$ に等しい．したがって，$A\boldsymbol{x}\cdot\boldsymbol{y} = \boldsymbol{x}\cdot{}^tA\boldsymbol{y}$ が成り立つ．

問 4・2 $\overrightarrow{\mathrm{OA}}=\begin{pmatrix}1\\3\\4\end{pmatrix}$，$\overrightarrow{\mathrm{OB}}=\begin{pmatrix}1\\1\\1\end{pmatrix}$で，$\|\overrightarrow{\mathrm{OB}}\|=\sqrt{3}$，$\overrightarrow{\mathrm{OA}}\cdot\overrightarrow{\mathrm{OB}}=1\cdot1+3\cdot1+4\cdot1=8$

だから，求める正射影は，$\dfrac{\overrightarrow{\mathrm{OA}}\cdot\overrightarrow{\mathrm{OB}}}{\|\overrightarrow{\mathrm{OB}}\|^2}\overrightarrow{\mathrm{OB}}=\dfrac{8}{3}\overrightarrow{\mathrm{OB}}=\dfrac{8}{3}\begin{pmatrix}1\\1\\1\end{pmatrix}$

問 4・3 図を書いてみれば，$\overrightarrow{\mathrm{OH}}=\begin{pmatrix}1\\3\\0\end{pmatrix}$であることは直ちにわかる．グラム・シュミットの方法に従うと，$\boldsymbol{e}_1=\begin{pmatrix}1\\0\\0\end{pmatrix}$，$\boldsymbol{e}_2=\begin{pmatrix}0\\1\\0\end{pmatrix}$，$\boldsymbol{a}_3=\overrightarrow{\mathrm{OA}}=\begin{pmatrix}1\\3\\4\end{pmatrix}$のとき，

$\boldsymbol{a}_3'=\overrightarrow{\mathrm{OH}}$ となる．したがって，

$$\overrightarrow{\mathrm{OH}}=(\boldsymbol{a}_3\cdot\boldsymbol{e}_1)\boldsymbol{e}_1+(\boldsymbol{a}_3\cdot\boldsymbol{e}_2)\boldsymbol{e}_2=1\begin{pmatrix}1\\0\\0\end{pmatrix}+3\begin{pmatrix}0\\1\\0\end{pmatrix}=\begin{pmatrix}1\\3\\0\end{pmatrix}$$

■補足■　本問は，グラム・シュミットの方法において，$\boldsymbol{e}_1,\boldsymbol{e}_2$ が確定した後，$\boldsymbol{a}_3$ から $\boldsymbol{a}_3'$ をつくる過程である．$\boldsymbol{a}_3$ や $\boldsymbol{a}_3'$ が具体的にどのようなベクトルをさしているのか，本問を通してイメージしてほしい．

問 4・4 2次の実行列を $A=\begin{pmatrix}a&b\\c&d\end{pmatrix}$ とすると，直交行列で$\begin{pmatrix}a\\c\end{pmatrix},\begin{pmatrix}b\\d\end{pmatrix}$が正規直交基底をなすから，

$$\begin{cases}a^2+c^2=1 & \text{❶}\\ b^2+d^2=1 & \text{❷}\\ ab+cd=0 & \text{❸}\end{cases}$$

❶は，点 (a,c) が単位円 $x^2+y^2=1$ 上にあることを示しているから，$a=\cos\theta$，$c=\sin\theta$ とおける．

このとき，❸は $b\cos\theta+d\sin\theta=0$ すなわち

$$b\cos\theta=-d\sin\theta \qquad \text{❹}$$

となるから，両辺を2乗すると，$b^2\cos^2\theta=d^2\sin^2\theta$

❷より $d^2=1-b^2$ だから，$b^2\cos^2\theta=(1-b^2)\sin^2\theta$ が成り立つ．

整理して，$b^2=\sin^2\theta$ すなわち $b=\pm\sin\theta$

(i) $b=\sin\theta$ のとき，❹に代入して，$d=-\cos\theta$

このとき，a, b, c, d は，式❶，❷，❸をすべて満たしている．

ゆえに，$A=\begin{pmatrix}\cos\theta & \sin\theta \\ \sin\theta & -\cos\theta\end{pmatrix}$

(ii) $b=-\sin\theta$ のとき，❹に代入して，$d=\cos\theta$

このとき，a, b, c, d は，式❶，❷，❸をすべて満たしている．

ゆえに，$A=\begin{pmatrix}\cos\theta & -\sin\theta \\ \sin\theta & \cos\theta\end{pmatrix}$

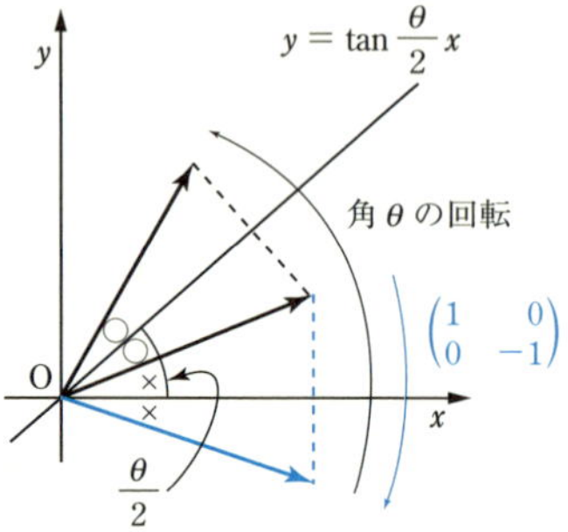

■発展■　本問の結果より，2 次の実行列において，直交行列は，

$\begin{pmatrix}\cos\theta & \sin\theta \\ \sin\theta & -\cos\theta\end{pmatrix}$ と $\begin{pmatrix}\cos\theta & -\sin\theta \\ \sin\theta & \cos\theta\end{pmatrix}$

の二つに限られることを示している．後者は例題 13 の“原点のまわりの角 θ の回転移動”を表す行列である．前者は，

$\begin{pmatrix}\cos\theta & \sin\theta \\ \sin\theta & -\cos\theta\end{pmatrix}=\begin{pmatrix}\cos\theta & -\sin\theta \\ \sin\theta & \cos\theta\end{pmatrix}\begin{pmatrix}1 & 0 \\ 0 & -1\end{pmatrix}$ と書けることから，“原点を通る直線に関する対称移動（折り返し）”を表す行列である（直線の傾きは $\tan\dfrac{\theta}{2}$）．

線形変換の観点に立つと，平面上の合同変換は回転および折り返しに限られることが本問よりわかる．

問 4・5　新しい座標軸を x' 軸，y' 軸とすると，x' 軸の基本ベクトルは $\begin{pmatrix}\cos 45^\circ \\ \sin 45^\circ\end{pmatrix}$，

y' 軸の基本ベクトルは $\begin{pmatrix}-\sin 45^\circ \\ \cos 45^\circ\end{pmatrix}$ となる．したがって，基底の取りかえ行列は，

$P=\begin{pmatrix}\cos 45^\circ & -\sin 45^\circ \\ \sin 45^\circ & \cos 45^\circ\end{pmatrix}=\dfrac{1}{\sqrt{2}}\begin{pmatrix}1 & -1 \\ 1 & 1\end{pmatrix}$ である．

いま，$\begin{pmatrix}x \\ y\end{pmatrix}=P\begin{pmatrix}x' \\ y'\end{pmatrix}=\dfrac{1}{\sqrt{2}}\begin{pmatrix}1 & -1 \\ 1 & 1\end{pmatrix}\begin{pmatrix}x' \\ y'\end{pmatrix}$ だから，$x=\dfrac{x'-y'}{\sqrt{2}}$，$y=\dfrac{x'+y'}{\sqrt{2}}$ を $xy=1$ に代入すると，

$$\frac{x'-y'}{\sqrt{2}}\cdot\frac{x'+y'}{\sqrt{2}}=1 \quad \text{すなわち} \quad x'^2-y'^2=2$$

が得られる．これが，新しい座標系における曲線の方程式である．

■注意■　本問の結果より，反比例のグラフ $xy=1$ を主軸変換すると，標準形の双曲線 $\dfrac{x^2}{(\sqrt{2})^2}-\dfrac{y^2}{(\sqrt{2})^2}=1$ に重なることがわかる．

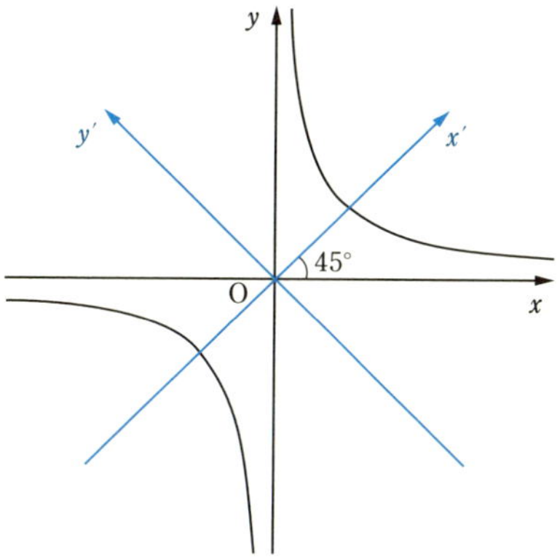

付録 A　行列・行列式の活用ガイド

n 次正方行列 A が正則となる条件	① $\mathrm{rank}\,A = n$　☞ 問 1・43 解答 ② $\lvert A \rvert \neq 0$　☞ p. 50
逆行列を求める	① 基本変形の応用　☞ p. 17 ② 余因子行列と行列式による表現　☞ p. 49
連立方程式を解く	① 基本変形の応用　☞ p. 19 ② クラメルの公式（係数行列が正方行列の場合）　☞ p. 50
$\mathrm{rank}\,A$ の意味	① 基本変形による標準形の対角成分のうち 1 の個数（定義）☞ p. 15 ② A の列ベクトルのうち線形独立なものの個数　☞ p. 62 ③ A が表す線形写像または線形変換の値域の次元 ☞ 問 3・10 解答
$\lvert A \rvert$ の計算	① 行列式の定義に基づく　☞ p. 38 ② 公式に代入（A が 3 次以下または対角行列の場合）　☞ p. 39 ③ 余因子展開の適用　☞ p. 44

付録 B　メールで数式を表現する ── TeX による数式表現

現在コンピューター上で数式を入力するには，ワープロソフトに標準で装備されている数式エディタを用いればよいが，教科書や学術論文の組版には TeX（テフまたはテック）が以前からよく使われている．TeX の記法を使用すれば，特別なソフトを用いることなく，複雑な数式をテキスト形式や電子メールで表現することができ，質問などの際に便利である．

また最近の大学教育では，LMS（Learning Management System）とよばれるコンピューターを用いた学習支援システムの活用が盛んになりつつあるが，代表的な LMS である Moodle では，TeX の記法の両端を“$$”ではさむことにより，実際の数式のように表示される．筆者は LMS 上の担当科目のコース内に“質問コーナー”というフォーラムを設けて，学生からの質問を受付けている．

線形代数でよく使われる数式の TeX 表記を以下にあげる．

1. 上付きは“^”を，下付きは“_”を付けて表す．
   - x^2 は，x^2
   - x_n は，x_n
   - $a_{i,j}$ は，a_{i, j}（複数の文字を上付きまたは下付きにするときは中括弧でくくる）

2. 総和（summation）のシグマ記号は，\sum で表す．シグマ記号の上限と下限は，上付き，下付きで表記する．
   - $\sum_{k=0}^{n}$ は，\sum_{k=0}^n

3. 左括弧は \left(で，右括弧は \right) で表すと，数式全体の大きさに応じた括弧が付けられる．
   - $\left(\sum_{k=0}^{n}\right)$ は，\left(sum_{k = 0}^n\right)
   - (\sum_{k = 0}^n) だと，$(\sum_{k=0}^{n})$ のようになる．

4. 行列は，第 1 行から順に各成分を & で区切って入力する．行の終わりは \cr (改行) で表し，全体を \matrix{ } の中括弧内に入れる．

- $\left(\matrix{1&2&3\cr 4&5&6\cr 7&8&9\cr}\right)$ は，\left(\matrix{1&2&3\cr 4&5&6\cr 7&8&9\cr}\right)

 この例のように \cr の後に括弧以外の文字を続けるときは，必ずスペースを入れる．

- $\left(\matrix{a_{11}&\ldots&a_{1n}\cr\vdots&\ddots&\vdots\cr a_{m1}&\ldots&a_{mn}\cr}\right)$ は，

 \left(\matrix{a_{11}&\ldots&a_{1n}\cr\vdots&\ddots&\vdots\cr a_{m1}&\ldots&a_{mn}\cr}\right)

 省略記号（ドット 3 個）は \ldots で表す．縦（vertical）方向の省略記号は \vdots で，斜め方向の省略記号は \ddots で表す．

5. ベクトルは行列の特殊な場合とみなす．

- $\left(\matrix{x-1\cr y+2\cr z\cr}\right)$ は，\left(\matrix{x-1\cr y+2\cr z\cr}\right)

6. 文字の上のアクセントは，つぎのように表す．

- $\vec x$（ベクトル）は，\vec x
- $\tilde a$（余因子）は，\tilde a
- $\bar x$（共役な複素数）は，\bar x
- $\vec x\cdot\vec y$（内積）は，\vec x\cdot\vec y

7. ギリシャ文字は，\ を付けて表す．大文字を表すときは先頭英字を大文字にする．

- α は，\alpha
- λ は，\lambda
- Δx は，\Delta x

8. その他の記号
   - $\neq$（not equal）は，\ne
   - $\leq$（less or equal）は，\le
   - $\geq$（greater or equal）は，\ge
   - $\sqrt{x+2}$（平方根：square-root）は，\sqrt{x+2}

索　　　引

小　島　正　樹（こじま　まさき）
1967年 愛知県に生まれる
1990年 東京大学理学部 卒
1995年 東京大学大学院理学系研究科
生物化学専攻博士課程 修了
現 東京薬科大学生命科学部 教授
専攻 生物物理学，生命情報科学
博士（理学）

第1版 第1刷 2012年11月15日 発行
第3刷 2020年 8月27日 発行

化学・生命科学のための 線形代数

著　者　小　島　正　樹
発行者　住　田　六　連
発　行　株式会社 東京化学同人
東京都文京区千石 3-36-7（〒112-0011）
電話 03-3946-5311・FAX 03-3946-5317
URL: http://www.tkd-pbl.com/

印刷・製本　株式会社 シ ナ ノ

ISBN978-4-8079-0797-7
Printed in Japan